丛书主编　李国强

装配式建筑职业技能教学培训系列用书

装配式混凝土建筑质量管理

宫　海　主编
陈　灵　副主编

中国建筑工业出版社

图书在版编目（CIP）数据

装配式混凝土建筑质量管理 / 宫海主编 .—北京：
中国建筑工业出版社，2021.2
（装配式建筑职业技能教学培训系列用书 / 李国强
主编）
ISBN 978-7-112-25836-9

Ⅰ. ① 装…　Ⅱ. ① 宫…　Ⅲ. ① 装配式混凝土结构-混
凝土施工-质量管理-技术培训-教材　Ⅳ. ① TU755

中国版本图书馆 CIP 数据核字（2021）第 024830 号

　　《装配式混凝土建筑质量管理》培训教材，是由具有多年装配式混凝土建筑
质量管理经验的工程师们和相关专业的职业院校老师们共同编写而成。本书旨在
为满足装配式建筑施工现场专业管理人员和操作人员培养的需要，进一步提升专
业从业人员的职业技能，提高装配式建筑施工质量安全水平。

　　本书共包括 5 章内容和 11 个附录的内容。同时，在每章内容结尾均配有相
关的思考练习题，十分适合装配式建筑施工专业人员和广大职业院校装配式建筑
专业的学生阅读使用。

责任编辑：张伯熙　曹丹丹
责任校对：赵　菲

装配式建筑职业技能教学培训系列用书
丛书主编　李国强

装配式混凝土建筑质量管理
宫　海　主编
陈　灵　副主编

*

中国建筑工业出版社出版、发行（北京海淀三里河路9号）
各地新华书店、建筑书店经销
北京科地亚盟排版公司制版
廊坊市海涛印刷有限公司印刷

*

开本：787毫米×1092毫米　1/16　印张：8$\frac{1}{2}$　字数：207千字
2022年6月第一版　　2022年6月第一次印刷
定价：**30.00**元
ISBN 978-7-112-25836-9
（36675）

装配式建筑职业技能教学培训系列用书

编审委员会

主　任：李国强

副主任：宫　海　方桐清　徐广舒　魏建军
　　　　郭　操　刘　青　魏晨光

委　员：张　蓓　张鑫鑫　陈　晨　海　潮
　　　　张　林　白世烨　杨雨峰　马军卫
　　　　薛　竣　许亚明　黄　炜　王　璐
　　　　朱玲玲

主编单位

国家土建结构预制装配化工程技术研究中心
南通装配式建筑与智能结构研究院

参编单位

南通职业大学
江苏建筑职业技术学院
常州工业职业技术学院

本书编写委员会

主　　　编：宫　海

副 主 编：陈　灵

编写人员：白世烨　张鑫鑫　陈　晨

　　　　　许亚明　黄　炜　王　璐

　　　　　朱玲玲　魏晨光　樊裕华

　　　　　朱晓东　张　建　黄　明

丛书前言

中华人民共和国成立以来，装配式建筑作为实现建筑工业化的重要手段，在国内得到了重视与发展。1956年国务院发布《国务院关于加强和发展建筑工业的决定》，文件指出要积极地有步骤地实行工厂化生产、机械化施工，逐步完成对建筑工业化技术的改造，逐步完成向建筑工业化的过渡。从20世纪50年代起，我国就开始推广标准化、工业化、机械化的预制装配式建筑。20世纪70年代末从东欧引入装配式大板住宅体系后全国发展了数万家预制构件厂，推出了大量的标准化预制构件以及标准化部品图集，但是受到当时设计水平、产品工艺与施工条件等的限制，导致装配式建筑遭遇到较严重的抗震安全问题，而城市化进程的加快，吸引了大量低成本廉价劳动力，使得装配式建筑的优势被削弱，对于装配式建筑的应用逐步减少，20世纪80年代中后期我国装配式建筑的发展基本陷入了停滞，无形中被全现浇混凝土结构所取代，大量预制构件厂被纷纷关闭。

近几年来，我国在总结早期建筑业发展经验的基础上，全面调整我国建筑业发展结构，促进建筑产业转型升级，在国家和地方政府大力提倡节能减排政策的引导下，建筑业开始向绿色、工业化、信息化等方向发展，大力发展装配式建筑逐步成为市场共识。2014年住房城乡建设部发布《住房城乡建设部关于推进建筑业发展和改革的若干意见》，明确提出推动建筑产业现代化的目标；2016年9月，国务院办公厅出台《国务院办公厅关于大力发展装配式建筑的指导意见》，进一步专门针对推进装配式建筑提出十五条意见，包括总体要求、重点任务、保障措施等，明确提出了力争用10年左右的时间，使装配式建筑占新建建筑的比例达到30%。根据住房城乡建设部的相关调研，2019年全国新开工装配式建筑4.2亿m^2，较2018年增长45%，占新建建筑面积的比例约13.4%。其中，上海市新开工装配式建筑面积3444万m^2，占新建建筑的比例达86.4%；北京市1413万m^2，占比为26.9%；湖南省1856万m^2，占比为26%；浙江省7895万m^2，占比为25.1%。江苏、天津、江西等地装配式建筑在新建建筑中占比均超过20%，在相关政策的持续推动、建筑技术持续升级的背景下，我国装配式建筑面积及行业规模迎来快速发展。

然而，在我国大规模推广装配式建筑的同时，也面临着技术体系不成熟和人才储备严重不足的问题，装配式建筑从业人员的素质整体不高，无法支撑新型装配式建筑的发展。因此，加快培养一批适应新型装配式建筑领域发展的高水平技术人员、管理人员以及一线作业人员，对全面推广装配式建筑意义重大且十分紧迫。一方面，在职业院校中设立装配式建筑相关专业，可以通过校企联合、项目实践等方式，企业提供良好的实习环境，高校设立相关专业或者相关课程，为装配式建筑的发展输送专业的人才。另一方面，针对装配式建筑相关从业人员，进行专业技能的培训，例如，深化设计培训、灌浆培训、吊装培训、构件生产培训等，通过对装配式建筑相关知识的系统梳理、标准化作业流程，从而提升从业者职业技能。

本套丛书包括《预制混凝土构件生产》《装配式混凝土建筑施工技术》《装配式混凝土

建筑深化设计理论与实务》《装配式混凝土建筑质量管理》四本教材。丛书的编写以装配式混凝土建筑应用技术技能人才培养为目标，既可作为高等院校土建类相关专业的参考教材，也可作为装配式建筑技术人员和管理人员学习、培训的参考教材。另外，丛书编写过程中植入了相关的规范条文，具有较强的实用性，因此，也可作为一线作业人员的工具书。丛书的编写人员，一是来自具有丰富教学经验的高校教授及讲师，因此教材内容更加贴近教学实际需要，方便"老师的教"和"学生的学"；二是来自装配式建筑相关企业、科研单位一线的专家和技术骨干，在编写内容上更加贴近装配式建筑设计、生产、施工等实际状况，保证了读者所需要的知识，真正做到"学以致用"。另外，本教材以国家现行规范为基础，结合国内主流的施工工法、生产工艺等进行编写，介绍了部分装配式建筑领域的最新工艺及发展趋势，不仅具有原理性、基础性，还具有一定的先进性和现代性。

最后，由于装配式建筑发展迅速，新技术、新材料、新工艺等不断涌现，各地区的标准之间存在一些差异，且由于时间仓促，编著者学识水平有限，丛书疏漏和错误之处在所难免，欢迎广大读者提出宝贵的修改意见。

前　　言

近年来，国家大力推进建筑产业升级，在政策引导下，我国建筑工业化的进程在不断加快，装配式建筑作为实现建筑工业化的重要途径之一，具有质量好、精度高、人工省、工期短以及节能环保等优势。2014 年住房城乡建设部正式出台《住房城乡建设部关于推进建筑业发展和改革的若干意见》，明确提出推动建筑产业现代化的目标；2016 年 9 月，国务院办公厅出台《国务院办公厅关于大力发展装配式建筑的指导意见》，进一步专门针对推进装配式建筑提出十五条意见，包括总体要求、重点任务、保障措施等，明确提出了力争用 10 年左右的时间，使装配式建筑占新建建筑的比例达到 30%。

由此可见，发展装配式建筑已经是大势所趋，但目前装配式建筑的发展仍存在诸多瓶颈亟待解决，人才短缺就是其中之一，加快培养一批适应现代建筑产业化需求的应用型装配式建筑人才，以满足庞大的装配式建筑市场需求成为重中之重。本书以高职装配式混凝土建筑应用技术技能人才培养为目标，既可作为高等院校土建类相关专业的教材，也可作为土建工程施工人员、技术人员和管理人员学习、培训的参考用书。

本书主要介绍装配式混凝土建筑质量控制方面的知识，全书从装配式建筑识图开始，通过对装配式建筑生产和施工两个环节的质量控制要求进行梳理，明确了装配式混凝土建筑质量管理方面应重点控制的环节，本书共分五章，主要包括预制构件生产质量及装配式混凝土建筑施工质量检查两部分内容，具体包括装配式混凝土建筑识图、生产过程质量检查、预制构件成品及出厂检查、装配式混凝土建筑施工质量检查，以及资料的收集、编制、整理、组卷、归档等。

本书作为上海市工程建设质量管理协会预制构件工厂质量员的培训教材，在对学员的培训中不断充实完善，并增加了装配式建筑施工质量控制相关内容，本书的编写人员，一是来自具有丰富教学经验的高校教师，在内容编写方面更加贴近教学实际需要，方便"老师的教"和"学生的学"，增强了教材的实用性；二是来自预制构件加工生产企业，以及施工单位的一线生产管理人员或专家学者，装配式建筑质量控制的内容及质量控制的要求，贴近项目实际情况，保证了读者所需要的知识，真正做到学以致用。

本书在编写过程中，得到了南通装配式建筑与智能结构研究院、国家土建结构预制装配化工程技术研究中心、华新建工集团有限公司、江苏南通六建建设集团有限公司的帮助和支持，在此表示衷心感谢！

虽经推敲核证，但限于编者的专业水平和实践经验，本书仍难免有疏漏或不妥之处，敬请广大读者指正。

目　　录

第1章　装配式混凝土建筑识图

PC 为 Precast Concrete（混凝土预制件）的英文缩写，在住宅工业化领域称作 PC 构件。与之相对应的方式为传统的现浇混凝土，其需要工地现场支模、现场浇筑和现场养护。混凝土预制件被广泛应用于建筑、交通、水利等领域，在国民经济中扮演着重要的角色。本章内容主要介绍装配式混凝土建筑识图相关内容。

1.1　识图基础知识

1. 投影的基础知识

（1）投影的形成

假定光线可以穿透物体（物体的面是透明的，而物体的轮廓线是不透明的），并规定在影子当中，光线直接照射到的轮廓线画成实线，光线间接照射到的轮廓线画成虚线，则经过抽象后的"影子"称为投影。

形成投影的三要素是投影线、形体、投影面。投影形成示意见图 1-1-1。

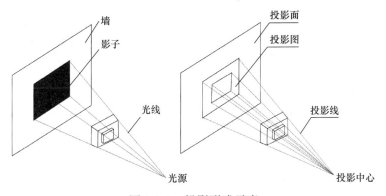

图 1-1-1　投影形成示意

（2）投影的分类

投影在分类上主要包括平行投影和中心投影，其中平行投影又包括正投影和斜投影，投影分类见图 1-1-2。

（3）土建工程中常用的几种投影图

土建工程中常用的投影图是：正投影图、轴测图、透视图、标高投影图，土建工程常用投影分类见图 1-1-3。

正投影特点：能反映形体的真实形状和大小，度量性好，作图简便，为工程制图中经常采用的一种。

轴测图特点：具有一定的立体感和直观性，常作为工程上的辅助性图。

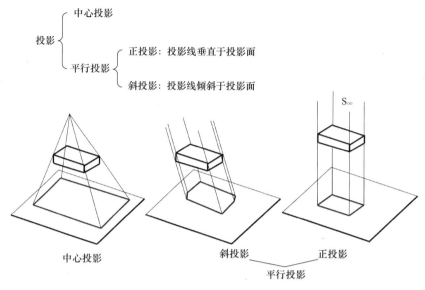

图 1-1-2 投影分类

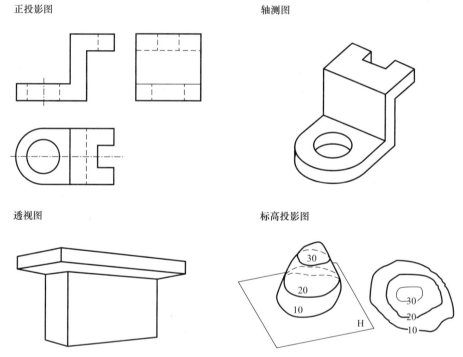

图 1-1-3 土建工程常用投影分类

透视图特点：图形逼真，具有良好的立体感，常作为设计方案和展览用的直观图。

标高投影图特点：是在一个水平投影面上标有高度数字的正投影图，常用来绘制地形图和道路、水利工程等方面的平面布置图样。

（4）正投影的基本性质

正投影是工程图样中常见的投影方式，正投影的基本性质主要包括：真实性、积聚性、类似性。

1）真实性

根据投影方法我们可以看到，当直线段平行于投影面时，直线段与它的投影及过两端点的投影线组成一个矩形，因此，直线的投影反映直线的实长。当平面图形平行于投影面时，不难得出，平面图形与它的投影为全等图形，即反映平面图形的实形。由此我们可得出：平行于投影面的直线或平面图形在该投影面上的投影反映线段的实长或平面图形的实形，这种投影特性称为真实性。

2）积聚性

同样，我们也看到，当直线垂直于投影面时，过直线上所有点的投影线都与直线本身重合，因此与投影面只有一个交点，即直线的投影积聚成一点。当平面图形垂直于投影面时，过平面上所有点的投影线均与平面本身重合，与投影面交于一条直线，即投影为直线。由此可得出：当直线或平面图形垂直于投影面时，它们在该投影面上的投影积聚成一点或一直线，这种投影特性称为积聚性。

3）类似性

我们还看到，当直线倾斜于投影面时，直线的投影仍为直线，但不反映实长，当平面图形倾斜于投影面时，在该投影面上的投影为原图形的类似形。注意：类似形并不是相似形，它和原图形只是边数相同、形状类似，例如：圆的投影为椭圆。这种投影特性称为类似性。

下面以点、线、面为例，详细说明其正投影的基本特征以及点、线、面正投影的基本性质。点、线、面正投影见图 1-1-4。

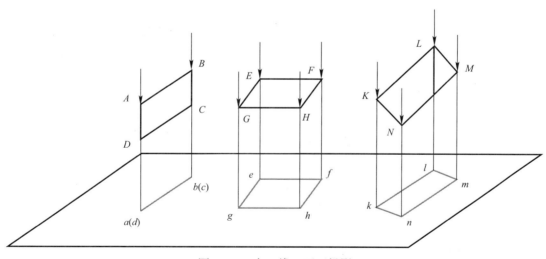

图 1-1-4　点、线、面正投影

① 点的投影规律：点的正投影仍然是点。

② 直线的投影规律：

A. 直线垂直于投影面，其投影积聚为一点。

B. 直线平行于投影面，其投影是一直线，反映实长。

C. 直线倾斜于投影面，其投影仍是一直线，但长度缩短。

③ 面的投影规律：

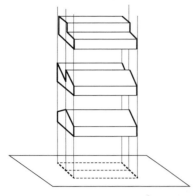

图 1-1-5　3 个不同形体正投影

A. 平面垂直于投影面，投影积聚为直线。

B. 平面平行于投影面，投影反映平面的实形。

C. 平面倾斜于投影面，投影变形，图形面积缩小。

（5）形体的三面正投影

1）三面投影图的形成

图 1-1-5 为 3 个不同形体正投影，它们在同一投影面上的投影却是相同的。由图可以看出：虽然一个投影面能够准确地表现出形体的一个侧面的形状，但不能表现出形体的全部形状。

一般来说，用三个相互垂直的平面做投影面，用形体在这三个投影面上的三个投影，才能充分地表示出这个形体的空间形状。三个相互垂直的投影面，称为三面投影体系。形体在这三面投影体系中的投影，称为三面正投影图，见图 1-1-6。

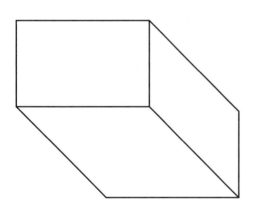
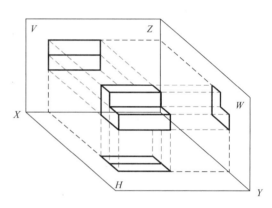

图 1-1-6　三面正投影图

2）三个正投影面的展开

三个投影面展开以后，三条投影轴成了两条相交的直线；原 X、Z 轴位置不变，原 Y 轴则分成 Y_H，Y_W 两条轴线，三面正投影展开示意见图 1-1-7。

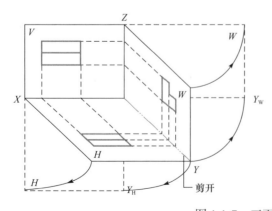
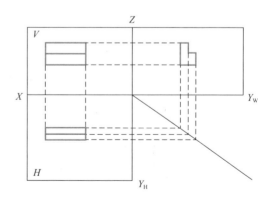

图 1-1-7　三面正投影展开示意

4

3）三面正投影图的分析

三面正投影图之间的规律：长对正，高平齐，宽相等。三面正投影图分析见图1-1-8。

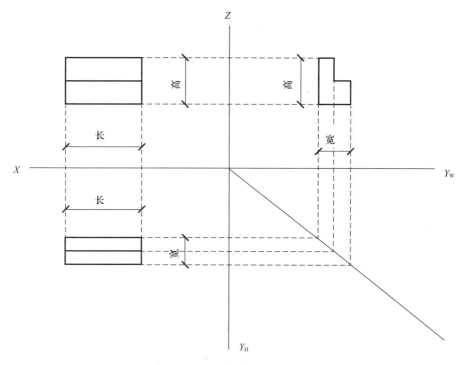

图 1-1-8　三面正投影图分析

4）形体三面正投影图的作图方法

组合体的类型包括：叠加型、切割型、综合型等。组合体的类型，见图1-1-9。

形体三面正投影作图方法包括：叠加法、切割法、综合法、坐标法。

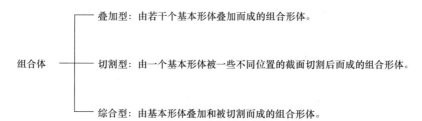

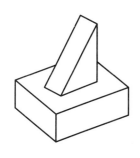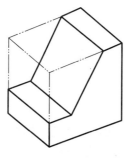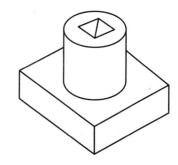

图 1-1-9　组合体的类型

（6）剖面图与断面图

1）剖面图与断面图的概念

剖面图：假想用剖切平面（P）剖开物体，将处在观察者和剖切平面之间的部分移去，而将其余部分向投影面投射所得的图形称为剖面图。

断面图：假想用剖切平面将物体切断，仅画出该剖切面与物体接触部分的图形，并在该图形内画上相应的材料图例，这样的图形称为断面图。

剖面图与断面图见图 1-1-10。

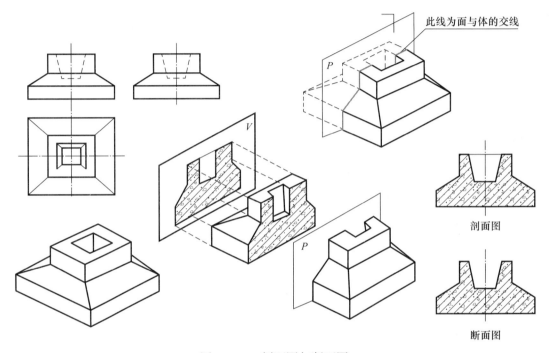

此线为面与体的交线

剖面图

断面图

图 1-1-10　剖面图与断面图

2）剖面图与断面图的剖切符号

① 剖面图的剖切符号

剖面图的剖切符号应由剖切位置线及投射方向线组成。均应以粗实线绘制，剖切位置线的长度宜为 6～10mm；投射方向线应垂直于剖切位置线，长度应短于剖切位置线，宜为 4～6mm。剖切符号的编号宜采用阿拉伯数字，剖面图的剖切符号见图 1-1-11。

② 断面图的剖切符号

断面图的剖切符号仅用剖切位置线表示。剖切位置线仍用粗实线绘制，长度为 6～10mm。断面图剖切符号的编号宜采用阿拉伯数字。编号所在的一侧应为该断面的剖视方向，断面图的剖切符号见图 1-1-12。

3）剖面图与断面图的种类

① 剖面图的种类

其包括：全剖面图、阶梯剖面图、展开剖面图、局部剖面图、分层局部剖面图。

A. 全剖面图：用一个剖切平面剖切所得的剖面图。全剖面图见图 1-1-13。

B. 阶梯剖面图：用两个或两个以上互相平行的剖切平面剖切所得的剖面图。阶梯剖面

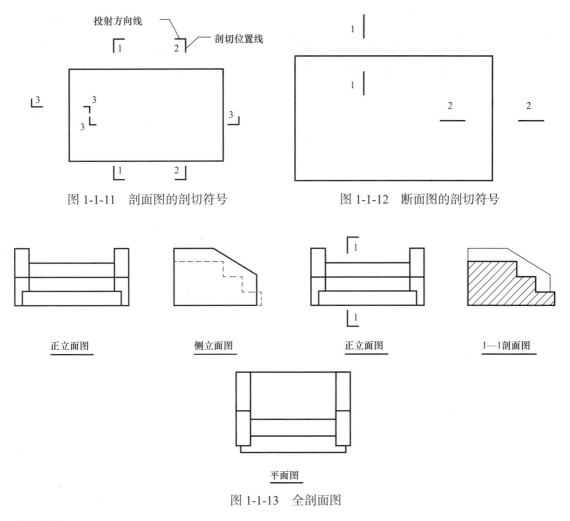

投射方向线

剖切位置线

图 1-1-11　剖面图的剖切符号

图 1-1-12　断面图的剖切符号

正立面图　　　　　侧立面图　　　　　正立面图　　　　　1—1剖面图

平面图

图 1-1-13　全剖面图

图见图 1-1-14。

　　C.展开剖面图：用两个相交剖切平面剖切所得的剖面图。展开剖面图见图 1-1-15。

　　D.局部剖面图：用剖切平面局部地剖开物体所得的剖面图。局部剖面图见图 1-1-16。

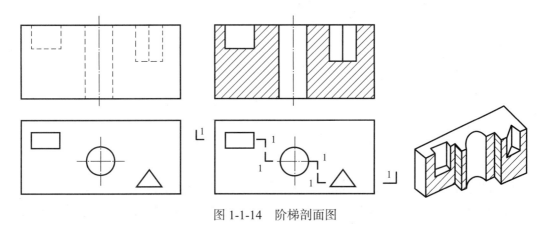

图 1-1-14　阶梯剖面图

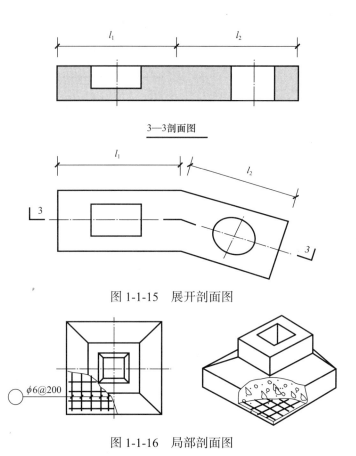

3—3剖面图

图 1-1-15　展开剖面图

图 1-1-16　局部剖面图

E. 分层局部剖面图：用几个互相平行的剖切平面分别将物体局部剖开，把几个局部剖面图重叠画在一个投影图上，用波浪线将各层的投影分开，这样的剖面图称为分层局部剖面图。分层局部剖面图见图 1-1-17。

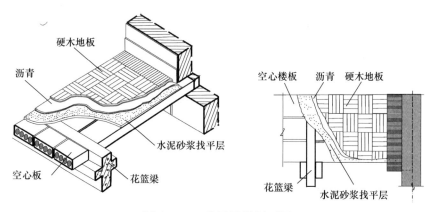

图 1-1-17　分层局部剖面图

② 断面图的种类

断面图的种类包括：移出断面图、中断断面图、重合断面图。

A. 移出断面图：将断面图画在物体投影轮廓线之外，称为移出断面图。移出断面图见图 1-1-18。

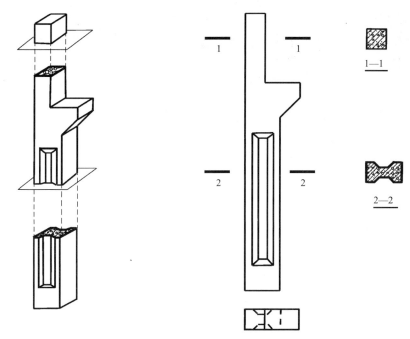

图 1-1-18　移出断面图

B. 中断断面图：将断面图画在杆件的中断处，称为中断断面图。中断断面图见图 1-1-19。

C. 重合断面图：将断面图直接画在形体的投影图上，这样的断面图称为重合断面图。重合断面图见图 1-1-20。

4）剖面图与断面图的关系

剖面图包含断面图，断面图是剖面图的一部分。剖面图与断面图的关系见图 1-1-21。

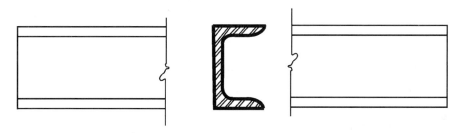

图 1-1-19　中断断面图

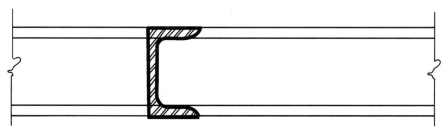

图 1-1-20　重合断面图

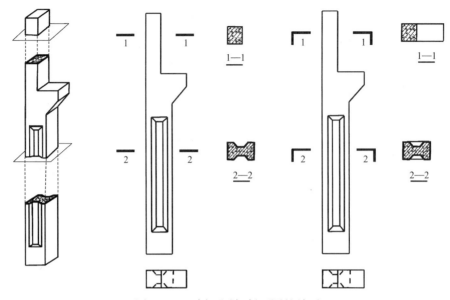

图 1-1-21　剖面图与断面图的关系

2. 建筑及施工图的简介

（1）施工图的用途与内容

1）主要用途：

① 指导施工。

② 编制施工图预算。

③ 安排材料、设备。

④ 非标准构件的制作。

⑤ 物业管理参考查询。

2）主要内容：

① 图纸目录。

② 设计总说明。

③ 建筑施工图（简称建施）。

④ 结构施工图（简称结施）。

⑤ 设备施工图（简称设施）。

（2）施工图的特点

1）施工图中的各图样是用正投影法绘制的。

2）绘图比例较小，多采用统一规定的图例或代号来表示。

3）施工图中的不同内容，使用不同的线型。

（3）建筑图的组成

　　常见建筑图有效果图和施工图，效果图如图 1-1-22 所示，施工图包括建筑施工图和结构施工图。建筑施工图包括总平面图、建筑平面图、立面图、剖面图，如图 1-1-23～图 1-1-26 所示，而结构施工图包括配筋图和详图等。

　　总平面图是表示建筑物场地总体平面布局的图纸。它以平面图的形式表明建筑区域的

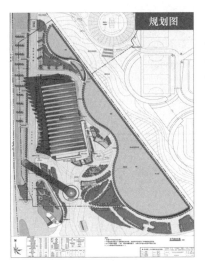
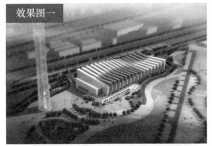

图 1-1-22　效果图

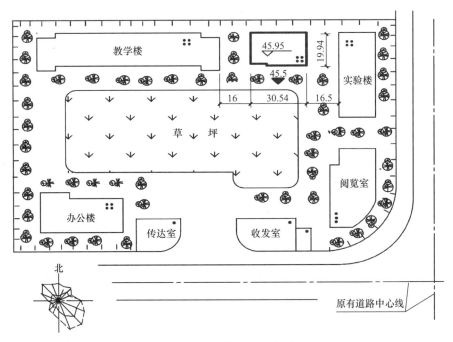

图 1-1-23　总平面图（m）

地形、地物、道路、拟建房屋的位置、朝向以及与周围建筑物的关系。由于图的比例小，房屋和各种地物及建筑设施均不能按真实的水平投影画出，而是采用各种图例做示意性表达。建筑平面图集中反映建筑平面各组成部分（主要使用空间、辅助使用空间、交通联系空间）的特征及相互关系，使用功能的要求，是否经济合理等。剖面图主要反映空间的剖面形状、尺寸、比例关系、房屋的层数、标高、主体结构形式、采光、通风、保温、隔热、排水构造方式等。立面图反映建筑物的形象，通过建筑物体型组合、体量大小、立面及细部处理等创造出预想的意境。

　　识读建筑施工图时，应先整体后局部，先文字说明后图样，先图形后尺寸。

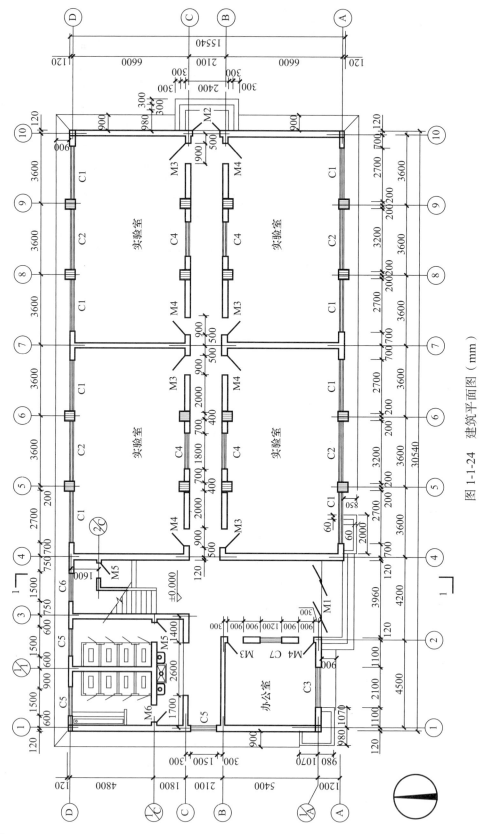

图 1-1-24 建筑平面图（mm）

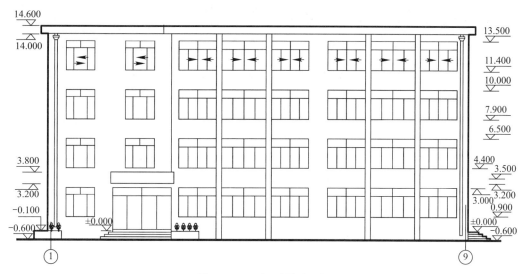

图 1-1-25　立面图（m）

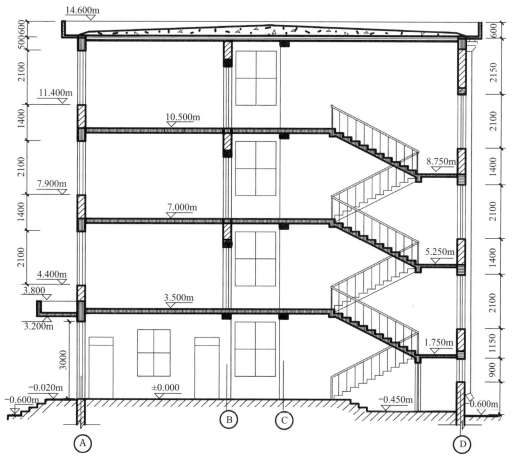

图 1-1-26　1-1 剖面图（mm）

1.2 预制构件图

装配式混凝土结构可以分为全装配式混凝土结构和装配整体式混凝土结构，装配整体式混凝土结构又分为装配整体式剪力墙结构、装配整体式框架结构、装配整体式框架剪力墙结构等体系。考虑建筑的经济性、空间的适用性、土地利用率，现阶段国内住宅常用装配式剪力墙结构。下面就以装配式剪力墙结构为例，介绍该结构体系各个典型预制构件在结构施工图中的表示方法，典型预制构件包括预制混凝土剪力墙、叠合板、预制钢筋混凝土板式楼梯、预制钢筋混凝土阳台板、空调板及女儿墙。各典型预制构件的示例图见附录1～附录5。

1. 预制混凝土剪力墙

（1）预制混凝土剪力墙平面布置图表示方法

在预制混凝土剪力墙平面布置图中，应标注以下内容：

① 标注结构楼层标高表时，应注明上部结构嵌固部位位置，标高按以下要求注写：

A. 用表格方式注明地下、地上各层的楼面标高、结构层高、结构层号。

B. 结构层楼面标高和结构层高在施工图纸中必须统一。为方便施工，应将相应的结构层楼面标高及结构层高放置在墙、板等各类预制构件施工图中。

这里的结构层楼面标高是指没有做面层的地面及楼面标高，即扣除面层及垫层做法厚度后的标高。

② 标注预制混凝土剪力墙的门窗洞口、结构洞的尺寸和位置。

③ 标明预制混凝土剪力墙的装配方向。

④ 若墙体中线与定位轴线不重合，应注明墙体中线与定位轴线的距离。

（2）预制混凝土剪力墙编号规定

预制混凝土剪力墙编号由墙板代号和序号组成，墙板代号取汉语拼音首字母。预制混凝土剪力墙编号，如表1-2-1所示。

预制混凝土剪力墙编号   表1-2-1

预制墙板类型	代号	序号
预制外墙	YWQ	××
预制内墙	YNQ	××

注：序号为数字或数字加字母。

例如：YWQ4，预制外墙，序号为4。

YNQ3a：该预制内墙板与编号YNQ3预制内墙板除了线盒位置，其他参数均相同，将该预制内墙板序号设为3a，以示区别。

（3）预制混凝土剪力墙各个组件列表注写方式

预制混凝土剪力墙的平面布置图应按标准层绘制，内容应涵盖预制混凝土剪力墙、现浇混凝土墙、后浇带、水平后浇带、现浇梁、楼面梁和圈梁等。为表达清楚、方便，装配式剪力墙结构可看成由预制混凝土剪力墙、后浇段、现浇剪力墙、现浇剪力墙柱和现浇剪力墙梁等组件组成，各个组件应列表表示其相关细节。其中现浇部分，包括现浇剪力墙、现浇剪力墙柱、现浇剪力墙梁标注应符合《混凝土结构施工图平面整体表示方法制图规则和构造详图》16G101-1的规定。预制墙板表中应注明所选用标准图集的页码或结构施工图（自行设计）中页码。现浇段表中，应绘制截面配筋图并注写几何尺寸与钢筋具体数值。

1）预制墙板表

预制墙板表应包括如下内容：

① 墙板编号，规则如前所述。

② 墙板位置，包括所在轴线号和所在楼层号。所在轴线号由两部分组成，之间用"/"分隔，前一部分标注垂直墙板的起始轴线号和终止轴线号，用"～"连接，后一部分为墙板所在轴线号。如果同一轴线、同一起止区域内有多块墙板，可在所在轴线号最后用"-1"，"-2"……顺序表示。

对应地在剪力墙布置图中，要标注预制混凝土剪力墙装配方向。外墙板以内侧为装配方向，不需要特殊标注，内墙板用"▲"表示装配方向，墙板所在轴号示意，见图1-2-1。

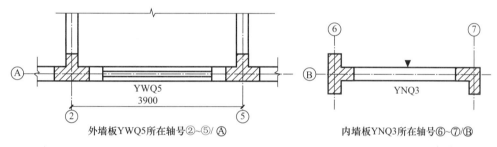

图1-2-1　墙板所在轴号示意

③ 管线预埋位置。当选用标准图集时，高度方向可只注写低区、中区、高区，水平方向根据标准图集的参数选择；当不选标准图集时，高度方向和水平方向均应注写具体定位尺寸，其参数位置在所装配方向为X、Y，装配方向背面为X'、Y'，可用下角标1、2、3……区分不同线盒，线盒参数含义示例见图1-2-2。

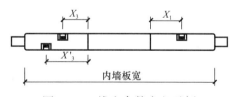

图1-2-2　线盒参数含义示例

④ 墙板重量和质量。

⑤ 墙板详图页码。当选用标准图集时，需标注标准图集号及相应页码；当自行设计时，需标明构件详图的图纸标号。例如，当选用国家建筑标准设计图集《预制混凝土剪力墙外墙板》15G365-1时，预制混凝土外墙板是由内叶墙板、外叶墙板和保温层三部分组成，在预制墙板表中，需注明所选国家建筑标准设计图集中的内叶墙板编号和外叶墙板控制尺寸。

外叶墙板编号规则，如表1-2-2所示。

外叶墙板编号规则　　　　　　　　　　　　　表1-2-2

墙板类型	示意图	编号
无洞口外墙	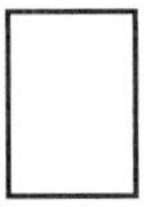 □	无洞口外墙 WQ—××—×× ；标志宽度、层高
一个窗洞高窗台外墙	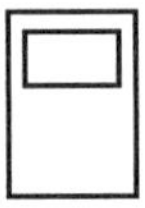 回	一窗洞外墙 WQC1—××—××—×× ××；标志宽度、层高、窗宽、窗高
一个窗洞矮窗台外墙	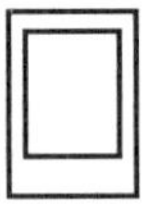 回	一窗洞外墙 WQCA—××—××—×× ××；标志宽度、层高、窗宽、窗高
两窗洞外墙	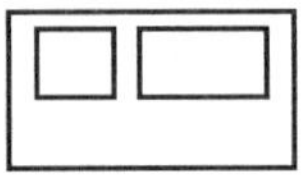 回回	两窗洞外墙 WQC2—××××—×× ××—×× ××；标志宽度、层高、左窗宽、左窗高、右窗宽、右窗高
一个门洞外墙	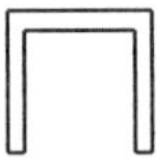 ⊓	一门洞外墙 WQM—××—×× ××—×× ××；标志宽度、层高、门宽、门高

以预制外叶墙板的编号示例为例，对预制外叶墙板的编号规则进行具体的介绍，标准图集中外叶墙板编号示例如表1-2-3所示。外叶墙板类型图示例，见图1-2-3。

外叶墙板编号示例　　　　　　　　　　　　　表1-2-3

墙板类型	示意图	墙板编号	标志宽度（mm）	层高（mm）	门/窗宽（mm）	门/窗高（mm）	门/窗宽（mm）	门/窗高（mm）
无洞外墙	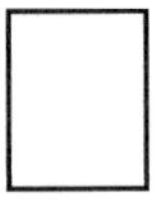 □	WQ-1828	1800	2800	—	—	—	—
带一窗洞高窗台	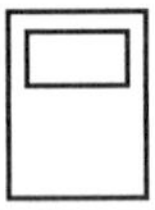 回	WQC1-3028-1514	3000	2800	1500	1400	—	—
带一窗洞矮窗台	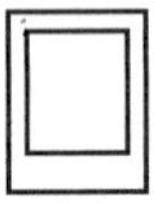 回	WQCA-3028-1518	3000	2800	1500	1800	—	—
带两窗洞外墙	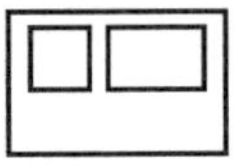 回回	WQC2-4828-0614-1514	4800	2800	600	1400	1500	1400
带一门洞外墙	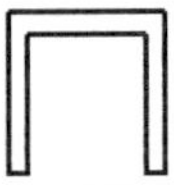 ⊓	WQM-3628-1823	3600	2800	1800	2300	—	—

16

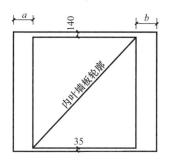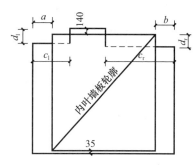

图 1-2-3 外叶墙板类型图（内表面视图）

预制混凝土内墙板编号规则如表 1-2-4 所示。

预制混凝土内墙板编号规则　　　　　　　　　　表 1-2-4

墙板类型	示意图	编号
无洞口内墙		NQ — ×× — ×× 无洞口内墙　　标志宽度　　层高
固定门垛内墙		NQM1 — ×× ×× — ×× ×× 一门洞内墙　　标志宽度　　层高　门宽 门高
中间门洞内墙		NQM2 — ×× ×× — ×× ×× 一门洞内墙　　标志宽度　　层高　门宽 门高
刀把内墙		NQM3 — ×× ×× — ×× ×× 一门洞内墙　　标志宽度　　层高　门宽 门高

预制混凝土内墙板编号示例，如表 1-2-5 所示。

预制混凝土内墙板编号示例　　　　　　　　　　表 1-2-5

墙板类型	示意图	墙板编号	标志宽度（mm）	层高（mm）	门宽（mm）	门高（mm）
无洞口内墙		NQ-2128	2100	2800	—	—
固定门垛内墙		NQM1-3028-0921	3000	2800	900	2100

墙板类型	示意图	墙板编号	标志宽度（mm）	层高（mm）	门宽（mm）	门高（mm）
中间门洞内墙		NQM2-3029-1022	3000	2900	1000	2200
刀把内墙		NQM3-3329-1022	3300	2900	1000	2200

2）后浇段表

① 后浇段表示方法

后浇段编号由后浇段类型的代号和序号组成，后浇段编号如表 1-2-6 所示，后浇段类型如图 1-2-4 所示。

后浇段编号 表 1-2-6

后浇段类型	代号	序号
约束边缘构件后浇段	YHJ	××
构造边缘构件后浇段	GHJ	××
非边缘构件后浇段	AHJ	××

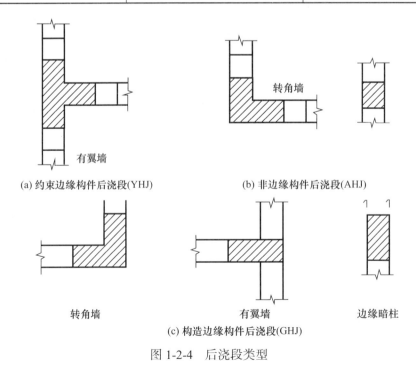

(a) 约束边缘构件后浇段(YHJ)　　　　(b) 非边缘构件后浇段(AHJ)

(c) 构造边缘构件后浇段(GHJ)

图 1-2-4　后浇段类型

②后浇段表内容

A.后浇段编号、后浇段几何尺寸、后浇段截面配筋图。截面配筋图中钢筋尺寸应标注至钢筋中线，保护层厚度应标注至箍筋表面。

B.后浇段起止标高，应从后浇段根部往上，以变截面处或配筋改变处为界线分段注写。

C.后浇段的纵筋和箍筋应与表中绘制的截面配筋对应一致。纵向钢筋应标注数量和直径，箍筋或拉筋的注写方式同现浇剪力墙结构墙柱箍筋。

3）预制混凝土梁表

① 预制混凝土梁表示方法

预制混凝土梁编号由代号、序号组成，表达形式如表 1-2-7 所示。

预制混凝土梁编号 　　　　　　　　　　　　　　　表 1-2-7

名称	代号	序号
预制混凝土梁	L	××
预制混凝土连梁	LL	××

例如：L1 表示预制混凝土梁，编号为 1。

LL2 表示预制混凝土连梁，编号为 2。

② 预制混凝土梁表内容

A.预制梁编号表示方法如前所述。

B.所在层号。

C.梁顶相对标高高差。

D.梁截面尺寸。

E.梁配筋上下纵筋数量、直径、箍筋直径、间距等。

4）预制外墙模板表

① 预制外墙模板编号

预制外墙模板编号由类型代号和序号组成，表达形式如表 1-2-8 所示。

预制外墙模板编号 　　　　　　　　　　　　　　　表 1-2-8

名称	代号	序号
预制外墙模板	JM	××

注： 序号可为数字或数字加字母。

例如：JM4 表示预制外墙模板，序号为 4。

② 预制外墙模板表内容

A.预制外墙模板编号表达方式如前文所述。

B.所在层号。

C.所在轴线。例如：Ⓓ / ①，表示预制外墙模板位置在Ⓓ轴和①轴的交汇处。

D.外叶墙板厚度。

E.构件重量、数量。

F.构件详图页码。

2. 叠合板

叠合板施工图应包括预制底板平面布置图、现浇层配筋图、水平后浇带布置图或圈梁布置图，以及与图对应的相关列表。

所有叠合板板块应逐一编号，相同编号的板块可选择一块做集中标注，其他的仅注写板编号。当板面标高不同时，在板编号的斜线下标注标高高差，下降为负。叠合板的编号由叠合板代号和序号组成，表达形式如表1-2-9所示。

叠合板编号 表 1-2-9

叠合板类型	代号	序号
叠合楼面板	DLB	××
叠合屋面板	DWB	××
叠合悬挑板	DXB	××

注： 序号为数字或数字加字母。

例如：DLB3 表示叠合楼面板，序号为 3。

DWB4 表示叠合屋面板，序号为 4。

DXB5 表示叠合悬挑板，序号为 5。

3. 预制底板平面布置图及预制底板表

预制底板平面布置图中需要标注叠合板编号、预制底板编号、各块预制底板尺寸和定位。预制底板为单向板时，还应标注调节缝和定位；预制底板为双向板时，应标注接缝尺寸和定位。板面标高不同时，标注底板标高高差，下降为负。同时应列出预制底板表。

预制底板表内容包括：

1）叠合板编号及其板内预制底板编号

叠合板编号规则如前所述。板内预制底板选用国家建筑标准设计图集时，可选类型见《桁架钢筋混凝土叠合板（60cm 厚底板）》15G366-1。叠合板底板编号规则见表1-2-10，单向板底板钢筋编号表见表1-2-11，双向板底板跨度、宽度方向钢筋代号组合表见表1-2-12，单向板底板宽度及跨度表见表1-2-13，双向板底板宽度及跨度表见表1-2-14。

2）所在楼层

3）叠合板质量和数量

4）叠合板详图页码

5）叠合板设计补充内容

<h3 align="center">叠合板底板编号规则　　　　表 1-2-10</h3>

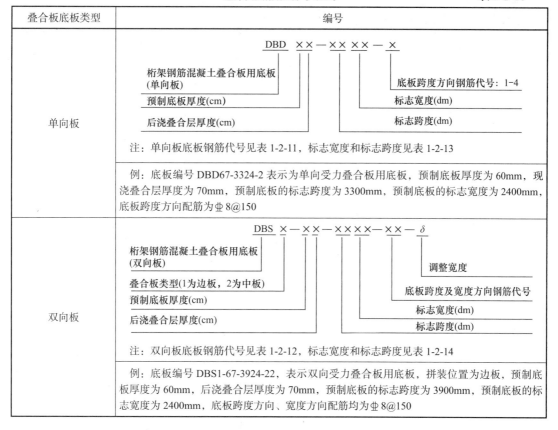

叠合板底板类型	编号
单向板	DBD ×× — ×××× — × 桁架钢筋混凝土叠合板用底板（单向板） 预制底板厚度(cm) 后浇叠合层厚度(cm) 底板跨度方向钢筋代号：1-4 标志宽度(dm) 标志跨度(dm) 注：单向板底板钢筋代号见表 1-2-11，标志宽度和标志跨度见表 1-2-13 例：底板编号 DBD67-3324-2 表示为单向受力叠合板用底板，预制底板厚度为 60mm，现浇叠合层厚度为 70mm，预制底板的标志跨度为 3300mm，预制底板的标志宽度为 2400mm，底板跨度方向配筋为 Φ8@150
双向板	DBS × — ×× — ×××× — ×× — δ 桁架钢筋混凝土叠合板用底板（双向板） 叠合板类型(1为边板，2为中板) 预制底板厚度(cm) 后浇叠合层厚度(cm) 调整宽度 底板跨度及宽度方向钢筋代号 标志宽度(dm) 标志跨度(dm) 注：双向板底板钢筋代号见表 1-2-12，标志宽度和标志跨度见表 1-2-14 例：底板编号 DBS1-67-3924-22，表示双向受力叠合板用底板，拼装位置为边板，预制底板厚度为 60mm，后浇叠合层厚度为 70mm，预制底板的标志跨度为 3900mm，预制底板的标志宽度为 2400mm，底板跨度方向、宽度方向配筋均为 Φ8@150

<h3 align="center">单向板底板钢筋编号表　　　　表 1-2-11</h3>

代号	1	2	3	4
受力钢筋规格及间距	Φ8@200	Φ8@150	Φ10@200	Φ10@150
分布钢筋规格及间距	Φ6@200	Φ6@200	Φ6@200	Φ6@200

<h3 align="center">双向板底板跨度、宽度方向钢筋代号组合表　　　　表 1-2-12</h3>

宽度方向钢筋 ＼ 跨度方向钢筋	Φ8@200	Φ8@150	Φ10@200	Φ10@150
φ8@200	11	21	31	41
φ8@150	—	22	32	42
φ8@100	—	—	—	43

<h3 align="center">单向板底板宽度及跨度表　　　　表 1-2-13</h3>

宽度	标志宽度（mm）	1200	1500	1800	2000	2400
	实际宽度（mm）	1200	1500	1800	2000	2400
跨度	标志跨度（mm）	2700	3000	3300	3600	3900	4200
	实际跨度（mm）	2520	2820	3120	3420	3720	4020

双向板底板宽度及跨度表　　　　　　　　　　　表 1-2-14

	标志宽度（mm）	1200	1500	1800	2000	2400
宽度	边板实际宽度（mm）	960	1260	1560	1760	2160
	中板实际宽度（mm）	900	1200	1500	1700	2100
跨度	标志跨度（mm）	3000	3300	3600	3900	4200	4500
	实际跨度（mm）	2820	3120	3420	3720	4020	4320
	标志跨度（mm）	4800	5100	5400	5700	6000	
	实际跨度（mm）	4620	4920	5220	5520	5820	

4. 预制钢筋混凝土板式楼梯

（1）预制钢筋混凝土板式楼梯施工图的表示方法

预制楼梯施工图应包括：按标准层绘制的平面布置图、剖面图、预制梯段板的连接节点、预制楼梯构件表等。与楼梯相关的现浇混凝土平台板、梯梁、梯柱的注写方式参见国家建筑标准设计图集《混凝土结构施工图平面整体表示方法制图规则和构造详图》16G101-1。预制钢筋混凝土板式楼梯的编号规则如表 1-2-15 所示。

预制钢筋混凝土板式楼梯编号规则　　　　　　　表 1-2-15

类型	编号
双跑楼梯	ST — ×× — ×× 预制钢筋混凝土双跑楼梯 ┘ └ 楼梯间净宽(dm) 层高(dm)
剪刀楼梯	JT — ×× — ×× 预制钢筋混凝土剪刀楼梯 ┘ └ 楼梯间净宽(dm) 层高(dm)

例如：ST-28-25 表示预制钢筋混凝土双跑楼梯，层高为 2800mm，楼梯间净宽度为 2500mm。

JT-28-26 表示预制钢筋混凝土剪刀楼梯，层高为 2800mm，楼梯间净宽为 2600mm。

（2）预制钢筋混凝土板式楼梯平面布置图

预制钢筋混凝土板式楼梯平面布置图注写内容包括：楼梯间的尺寸、楼层结构标高、楼梯上下行方向、楼梯的平面几何尺寸、楼梯编号、定位尺寸、连接做法索引号等。

（3）预制钢筋混凝土板式楼梯剖面图

预制钢筋混凝土板式楼梯剖面图注写内容包括：楼梯编号、梯梁梯柱编号、梯板水平及竖向尺寸、楼层结构标高、层间结构标高、楼面做法厚度等。

（4）预制楼梯表

1）预制楼梯编号

预制楼梯编号规则，如表 1-2-15 所示。

2）所在层号

3）构件质量、数量

4）构件详图页码

选用标准图集应注写具体图集号及相应页码；自行设计的构件需注写施工图图号。

5）连接索引

选用标准图集应注写具体图集号、页码、节点号；自行设计的需注写施工图图号。

6）备注

可注明构件是"标准构件"或"自行设计"。

5. 预制钢筋混凝土阳台板、空调板及女儿墙

（1）预制钢筋混凝土阳台板、空调板及女儿墙施工图表示方法

预制钢筋混凝土阳台板、空调板及女儿墙施工图包括：按标准层绘制的平面布置图、选用构件表。

预制钢筋混凝土阳台板、空调板及女儿墙编号规则如表 1-2-16 所示。

预制钢筋混凝土阳台板、空调板及女儿墙编号 　　　　表 1-2-16

预制构件类型	代号	序号
阳台板	YYTB	××
空调板	YKTB	××
女儿墙	YNEQ	××

例：YYTB4 表示预制钢筋混凝土阳台板，序号为 4。

YYTB4a 表示该预制钢筋混凝土阳台板，与编号为 YYTB4 的阳台板除洞口位置外，其他参数都相同，为方便考虑，把该预制阳台板序号取为 4a。

YNEQ5 表示预制钢筋混凝土女儿墙，序号为 5。

（2）平面布置图

平面布置图中需要注写内容包括：

1）各预制构件编号

　编号规则，如表 1-2-16 所示。

2）各预制构件的平面尺寸、定位尺寸

3）预留孔洞尺寸及位置

　与标准构件中预留孔洞一致，可不用注写。

4）楼层结构标高

5）标高高差

　预制钢筋混凝土阳台板、空调板结构完成面与结构标高不一致时的标高高差。

6）预制钢筋混凝土女儿墙厚度、定位尺寸、墙顶标高

（3）预制钢筋混凝土阳台、空调板表

预制钢筋混凝土阳台、空调板表内容包括：

1）预制构件编号

编号规则如表 1-2-16 所示。

2）选用标准图集中的构件编号

预制阳台板、空调板可选型号详见《预制钢筋混凝土阳台板、空调板及女儿墙》
15G368-1，标准图集中预制阳台板空调板及女儿墙编号规则见表 1-2-17。

标准图集中预制阳台板空调板及女儿墙编号规则　　　　表 1-2-17

预制构件类型	编号
阳台板	YTB — X — XXX — XX 预制阳台板 预制阳台板类型：D、B、L 预制阳台板封边高度(仅用于板式阳台)：04、08、12 预制阳台板宽度(dm) 预制阳台板挑出长度(dm) 注：1. 预制阳台板类型：D 表示叠合板式阳台，B 表示全预制板式阳台，L 表示全预制梁式阳台。 2. 预制阳台封边高度：04 表示 400mm，08 表示 800mm，12 表示 1200mm。 3. 预制阳台板挑出长度从结构承重墙外表面算起 例：某住宅楼封闭式预制叠合板式阳台挑出长度为 1000mm，阳台开间为 2400mm，封边高度为 800mm，则预制阳台板编号为 YTB-D-1024-08
空调板	KTB — XX — XXX 预制空调板 预制空调板宽度(cm) 预制空调板挑出长度(cm) 注：预制空调板挑出长度从结构承重墙外表面算起 例：某住宅预制空调板实际长度为 840mm，宽度为 1300mm，则预制空调板编号为 KTB-84-130
女儿墙	NEQ — XX — XX XX 预制女儿墙 预制女儿墙类型：J1、J2、Q1、Q2 预制女儿墙高度(dm) 预制女儿墙长度(dm) 注：1. 预制女儿墙类型：J1 型表示夹心保温式女儿墙（直板）；J2 型表示夹心保温式女儿墙（转角板）；Q1 型代表非保温式女儿墙（直板）；Q2 型代表非保温式女儿墙（转角板）。 2. 预制女儿墙高度从屋顶结构标高算起，600mm 高表示为 06，1400mm 高表示为 14 例：某住宅楼女儿墙采用夹心保温式女儿墙，其高度为 1400mm，长度为 3600mm，则预制女儿墙编号为 NEQ-J1-3614

3）预制构件数量、质量

4）所在层号

5）预制构件详图页码

选用标准图集应注写具体图集号及相应页码；自行设计的构件需注写施工图图号。

6）备注

可注明预制构件是"标准构件"或"自行设计"。

7）板厚

若为叠合式阳台板，还需标注预制底板板厚，表示方法为：×××（××）。

例如：120（60）表示叠合板厚 120mm，其中预制底板厚 60mm。

（4）预制女儿墙表

预制女儿墙表内容包括：

1）预制构件编号

编号规则如表 1-2-16 所示。

2）选用标准图集中的构件编号

编号规则如表 1-2-17 所示。

3）所在层号和轴线号

轴线号的标注方法与外墙板相同。

4）内叶墙厚

5）预制构件数量、质量

6）预制构件详图页码

选用标准图集应注写具体图集号及相应页码；自行设计的构件需注写施工图图号。

7）女儿墙外叶墙板调整参数

如果女儿墙内叶墙板与标准图集中的一致，外叶墙板有区别，可对外叶墙板调整后选用，女儿墙外叶墙板调整选用参数示意图见图 1-2-5。

8）备注

可注明预制构件是"标准构件""调整选用"或"自行设计"。

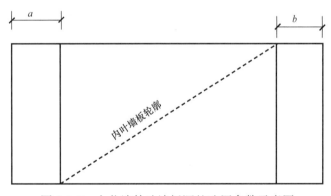

图 1-2-5　女儿墙外叶墙板调整选用参数示意图

1.3　预制构件模板图及配筋图

1. 预制混凝土剪力墙外墙板模板及配筋图

标准图集 15G365-1 中预制混凝土剪力墙外墙板类型包括无洞口外墙板（WQ）、一个窗洞外墙板（WQC1、WQCA）、两个窗洞外墙板（WQC2）、一个门洞外墙板（WQM）。现以一个窗洞外墙板（WQC1）为例，介绍其模板及配筋图。

（1）模板及配筋图相关说明

1）图例

模板及配筋图常用图例表示含义见图 1-3-1。

2）符号说明

$\triangle C$：粗糙面；WS：外表面；NS：内表面。

3）钢筋加工尺寸标注说明

① 纵向钢筋

纵向钢筋加工尺寸标注示意图见图 1-3-2，其中 a_1 为一端钢筋车丝长度；c_1 为钢筋外伸长度。

图 1-3-1　模板及配筋图常用图例　　　　图 1-3-2　纵向钢筋加工尺寸标注示意图

② 箍筋

箍筋加工尺寸标注示意图见图 1-3-3，其中 b_2 为箍筋外伸段的长度，c_2 为箍筋在预制构件内的长度。

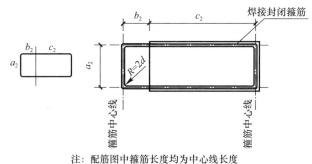

注：配筋图中箍筋长度均为中心线长度

图 1-3-3　箍筋加工尺寸标注示意图

③ 拉筋

拉筋加工尺寸标注示意图见图 1-3-4，其中 a_3 为弯钩平直段长度，b_3 为被拉结钢筋外表皮之间的距离。

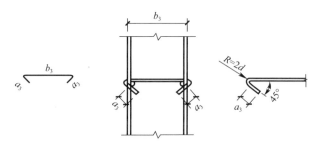

图 1-3-4　拉筋加工尺寸标注示意图

④ 窗下墙钢筋

窗下墙钢筋加工尺寸标注示意图见图 1-3-5，其中 a_4 为弯钩处平直段长度，b_4 为竖向弯钩中心段距离。

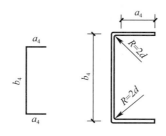

图 1-3-5　窗下墙钢筋加工尺寸标注示意图

⑤ 标准图集中的符号说明见表 1-3-1

标准图集中的符号说明　　　　　　　　　　　　表 1-3-1

索引图		墙板详图	
H	楼层高度	H_i	第 i 层结构板顶标高
L	标志宽度	H_{i+1}	第 $i+1$ 层结构板顶标高
h_q	内叶墙高度	MJ1	吊件
L_q	内叶墙宽度	MJ2	临时支撑预埋螺母
h_a	窗下墙高度	MJ3	临时加固预埋螺母
h_b	洞口连梁高度	B-30	300 宽填充用聚苯板
L_0	洞口边墙板宽度	B-45	450 宽填充用聚苯板
L_w	窗洞宽度	B-50	500 宽填充用聚苯板
h_w	窗洞高度	B-5	50 宽填充用聚苯板
Lw_1	双窗洞墙板左侧窗洞宽度		
Lw_2	双窗洞墙板右侧窗洞宽度		
L_d	门洞宽度		
h_d	门洞高度		

（2）模板图

模板图内容主要包括：模板主视图、俯视图、仰视图、右视图、预埋配件明细表、预埋线盒位置选用表及灌浆分区示意图。示例 WQC1-3328-1214 模板图参见附录 6。

1）模板主视图、俯视图、仰视图、右视图内容

① 外叶墙、内叶墙、保温层、窗洞的尺寸。

② 结构板顶标高。

③ 预埋配件及其位置。

预埋配件包括吊件、临时支撑预埋螺母、填充用聚苯板和套筒套管组件，细节需另看详图。另外，图中要注明灌浆口和出浆口。

2）预埋配件明细表内容

① 编号及名称。

例如：MJ1 表示吊件；MJ2 表示临时支撑预埋螺母；B-30/B-50 表示填充用聚苯板；

TT1/TT2 表示套筒组件；TG 表示套管组件。

②数量。

③备注中注明反映预埋配件尺寸和位置的详图页码。

3）预埋线盒位置选用表内容

①预埋线盒位置分为高区、中区、低区三种。

②中心洞边距，即线盒（从中心线算起）到窗洞边缘的水平距离。高区线盒位置用 X_g 表示，中区及低区线盒位置分别用 X_z 和 X_d 表示。

（3）配筋图

预制外墙板（WQC1-3328-1214）的配筋主要由连梁钢筋骨架、边缘构件钢筋骨架、窗下钢筋网片三个部分组成，WQC 钢筋骨架示意见图 1-3-6。

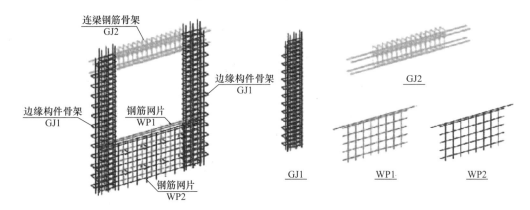

图 1-3-6　WQC 钢筋骨架示意图

预制外墙板（WQC1-3328-1214）配筋图主要内容包括：外墙板正面配筋图、各个部位剖面配筋图、钢筋表。外墙板正面配筋图及剖面配筋图主要反映配置钢筋的位置、数量、形式。钢筋表详细列出各种钢筋的编号、数量、直径、钢筋加工尺寸、备注等内容。示例 WQC1-3328-1214 配筋图参见附录 7。

以 WQC1-3328-1214 为例，连梁钢筋骨架有三种钢筋：纵筋、箍筋和拉筋。抗震等级为三级时，连梁上部配置 2 根 Φ16 纵筋，编号为 1Za，下部配置 2 根 Φ10 纵筋，编号为 1Zb，加工尺寸都为 200-2700-200；箍筋采用焊接的封闭箍筋，编号为 1G，数量为 12 根，直径为 8mm，加工尺寸为 110-290-160；拉筋布置在连梁上部，联系连梁上部 2 根纵筋，编号为 1L，数量也为 12 根，直径 8mm，加工尺寸为 10d-170-10d。

边缘构件钢筋骨架有三种钢筋：纵筋、箍筋、拉筋。抗震等级为一级时，一侧边缘构件钢筋骨架，外伸纵筋为 6 根，直径为 16mm，编号为 2Za；非外伸纵筋共 2 根，直径为 10mm，编号为 2Zb。外伸纵筋的加工尺寸为 23-2466-290，非外伸纵筋加工尺寸为 2610。箍筋有四种，对于一侧边缘构件，沿着边缘构件高度方向布置 11 根编号为 2Gb，直径为 8mm 外伸箍筋，10 根编号为 2Ga，直径为 8mm 的非外伸箍筋，外伸箍筋与非外伸箍筋交错布置；边缘构件顶部，布置 2 根编号为 2Gd，直径为 8mm 的非外伸箍筋，边缘构件底部，也布置 2 根编号为 2Gd，直径为 8mm 的非外伸箍筋，在灌浆套筒处，布置 1 根编号为 2Gc，直径为 8mm 的外伸箍筋。四种箍筋都为焊接封闭箍筋，两种外伸，两种不外伸，其加工尺寸分布为，2Ga：330-120；2Gb：200-415-120；2Gc：200-425-140；2Gd：400-140。拉筋共有三种，对于一侧边缘构件，在外伸箍筋 2Gc 截面处（灌浆套筒处），设置 2 根编号为 2Lc，直径为 8mm 的拉筋；在外伸箍筋 2Gb（一侧 11 根）和纵筋 2Zb（一侧 2 根）相交处设置 11 根编号为 2Lb，直径为 6mm 的拉筋；在箍筋 2Gb 与纵筋 2Za，及箍筋 2Ga 与纵筋 2Za 相交处设置 40 根编号为 2La，直径为 8mm 的拉筋。三种拉筋的加工尺寸为，2La：10d-130-10d；2Lb：30-130-30；2Lc：10d-150-10d。

窗下钢筋网片有三种钢筋：水平筋、竖向筋、拉筋。沿高度方向布置 6 排水平筋，每排 2 根水平筋，共 12 根。其中最上面一排的 2 根水平筋（靠近窗口），编号为 3a，直径为 10mm；其他 5 排的 10 根水平筋，编号为 3b，直径为 8mm。沿着长度方向布置 9 对竖向筋，每对竖向筋（2 根）组成箍筋形式，共 18 根，钢筋编号为 3c，直径为 8mm。在水平筋 3b 与竖向筋 3c 的相交处，布置拉筋，编号为 3L，直径为 6mm，拉筋间距为 400mm，具体位置见预制外墙板（WQC1-3328-1214）配筋图。

2. 叠合板模板及配筋图

以标准图集 15G366-1 中的 DBS1-67-3012-11（叠合板边板，底板厚为 60mm，后浇层厚为 70mm，板宽为 1200mm，板跨为 3000mm，板配筋编号为 11）为例，介绍下叠合板模板及配筋施工图。示例 DBS1-67-3012-11 模板及配筋图见附录 8。

叠合板模板及配筋施工图主要由板模板图、板配筋图、底板参数表、底板配筋表组成。

（1）板模板图主要内容

1）模板的尺寸

模板宽为 960mm；板长边到支座中线的距离为 90mm；板另一长边到拼缝定位线的距离为 150mm；所以 960+90+150=1200（mm），为该叠合板的板宽。模板长为 2820mm；板短边到支座中线的距离都为 90mm，故 2820+2×90=3000（mm），为该预制叠合楼板的跨度。

2）叠合板的各个面的表面情况

除了下表面为模板面外，其他五个面均为粗糙面。

3）钢筋桁架的位置

钢筋桁架设置在底板钢筋的上层，下弦钢筋与底板钢筋绑扎连接。该叠合板设置 2 根钢筋桁架，间距为 600mm。

（2）板配筋图主要内容

1）钢筋的种类

三种钢筋，编号分别为①、②、③。

2）钢筋的数量、位置

① 号钢筋沿板跨方向布置，间距为 200mm，共 14 根。②号钢筋沿板宽方向布置，共 4 根，间距分别为 355mm、200mm、355mm。③号钢筋布置在板端，共 2 根，该钢筋中心线至板件边缘为 25mm。

（3）底板参数表主要内容

1）底板编号

该底板编号为 DBS1-67-3012-11。

2）底板参数 L_0、a_1、a_2

底板长度 L_0=2820mm，最外侧钢筋至底板外缘的距离 a_1=130mm、a_2=90mm。

3）沿板跨布置钢筋间距数量 n

即①号钢筋数量减去 1，n=14-1=13。

4）桁架型号

桁架型号为 A80，长度为 2720mm，重量为 4.79kg。

5）混凝土体积及重量

该底板混凝土体积为 0.162m³，重量为 0.406t。

（4）底板配筋表主要内容

1）底板编号

该底板编号为 DBS1-67-3012-11。

2）钢筋种类、直径、加工尺寸、根数

① 号钢筋直径为 8mm，加工尺寸为 1340（＋δ）-40，根数为 14 根。②号钢筋直径也为 8mm，加工尺寸为 3000mm，根数为 4 根。③号钢筋直径为 6mm，加工尺寸为 910mm，根数为 2 根。

3. 预制钢筋混凝土板式楼梯安装图、模板图、配筋图

以国家建筑标准设计图集《预制钢筋混凝土板式楼梯》15G367-1 中的 ST-28-24（平行双跑楼梯，层高 2800mm，净开间 2400mm）为例，介绍预制钢筋混凝土板式楼梯的安装图、模板图、配筋图。预制钢筋混凝土板式楼梯、楼梯段是预制混凝土构件，其他部分包括平台梁（梯梁）、平台板可以现浇，故国家建筑标准设计图集中的安装图、模板图、配筋图主要是针对楼梯段。示例 ST-28-24 安装图、模板图、配筋图见附录 9～11。

（1）ST-28-24 安装图

楼梯安装图主要包括一个平面布置图和一个纵剖面图。

平面布置图和纵剖面图主要内容包括：楼梯段的摆放位置、楼梯段各个部位的尺寸、楼梯段与梯梁连接部位的位置、中间平台及楼层平台的标高，以及楼梯段与梯梁连接部位细节见详图。

1）楼梯段各个部位的尺寸

一个梯段有 8 个踏步，踏步尺寸 $b×h$=260mm×175mm，梯段的水平投影长度为 400+260×7+400=2620（mm），梯段高为 175×8=1400（mm），梯段窄端宽为 1125mm，宽端宽为 1220mm，梯段板板厚为 120mm，梯梁支承梯段板的长度为 200mm。

2）楼梯段的摆放位置

一个楼层，两个梯段。第一个梯段，窄端放置在楼层平台梁（梯梁）上，宽端放置在中间平台梁（梯梁）上。第二个梯段，窄端放置在中间平台梁上，宽端放置在楼层平台梁上。

3）楼梯段与梯梁连接部位的位置

在楼梯段与梯梁连接部位处预留孔洞，便于楼梯段与梯梁的连接。每个楼梯段每端都预留两个孔洞，间距为 660mm。窄端定位尺寸为（280-660-185）mm，宽端的定位尺寸为（280-660-280）mm。

4）中间平台及楼层平台的标高

本楼层的标高为 H_i，中间平台标高为 H_i+1.400，上一楼层标高为 H_i+2.800。中间平台表面与楼梯段表面高差为 30mm，楼层平台表面与楼梯段表面高差为 50mm。

（2）ST-28-24 模板图

楼梯模板图主要包括梯段模板的平面图、底面图、横剖面图、纵剖面图。主要内容包括：梯段模板的尺寸，预留孔洞的位置（楼梯段与梯梁连接部位）和大小，预留孔洞加强钢筋的位置、数量、直径，梯段吊装预埋件的位置，栏杆预埋件的位置。预留孔洞及加强筋的细节见节点详图。

1）梯段模板的尺寸

梯段模板的尺寸与安装图中楼梯段各个部位的尺寸相一致，这里不再赘述。

2）预留孔洞的位置、大小

预留孔洞的位置与安装图一致，不再赘述。预留孔洞的直径为 50mm 和 60（50）mm。

3）预留孔洞加强钢筋的位置、数量、直径

每个预留孔洞的加强钢筋为 2 根，直径为 10mm，详细的位置和尺寸见节点详图。

4）梯段吊装预埋件及栏杆预埋件的位置

对于一个梯段，模板图中 M1 为踏步面上的吊装预埋件，数量为 4 个；M2 为梯段板侧面吊装预埋件，数量为 2 个；M3 为栏杆预埋件，设置在楼梯段侧面，数量为 3 个，具体定位尺寸见模板图。各个预埋件的形式及尺寸参看详图。

（3）ST-28-24 配筋图

楼梯段的配筋图主要包括纵剖面配筋图、横剖面配筋图及钢筋明细表。纵剖及横剖配筋图主要反映各种钢筋的位置、数量，钢筋明细表详细列出了钢筋的种类、编号、加工尺寸、重量等。

现依托钢筋明细表，简单说明梯段板的配筋情况。梯段板内有五类钢筋，分别是纵筋、分布筋、箍筋、吊点加强筋、预留孔洞加强筋。钢筋编号为 12 种，其中①、②、④、⑥、⑪、⑫为纵筋，① 和② 分别为上部纵筋和下部纵筋，贯穿整个梯段板，数量都为 7 根；④是梯段宽端纵筋，上部和下部各布置 3 根，共 6 根；⑥ 是梯段窄端纵筋，上部和下部也是各布置 3 根，共 6 根；⑪和⑫分别是上部边缘加强纵筋和下部边缘纵筋，各为 2 根，贯穿整个梯段板；③为分布钢筋，沿着梯段板跨度布置，共 10 组，每组由上分布筋和下分布筋组成（上分布筋与下分布筋形式、尺寸相同），共 20 根；在踏步面吊装预埋件处（M1），设置吊点加强筋⑨和⑩，⑨数量是 8 根，⑩数量为 2 根；⑤和⑦为箍筋，⑤设置在梯段宽端，数量为 9 根，⑦设置在梯段窄端，数量也为 9 根；⑧为预留孔洞加强筋，共 8 根，具体尺寸及位置见附录 11 ST-28-24 配筋图节点详图。

练习与思考

一、填空题

1. 土建工程中常用的投影图是：正投影图、_____、_____、_____等。
2. 正投影的基本性质主要包括：_____、_____、_____。
3. 形成投影的三要素：_____、_____、_____。
4. 剖面图的剖切符号应以粗实线绘制，由_____和_____组成。
5. 形体三面正投影的作图方法包括：_____、_____、_____。
6. 阅读建筑施工图时，应先整体后局部，先文字说明后图样，_____。
7. 预制底板平面布置图中需要标注各块预制底板尺寸和定位以及_____和_____。
8. 装配式混凝土结构可以分为_____结构、_____结构、_____结构等。

二、选择题

1. 用两个或两个以上互相平行的剖切平面剖切的剖面图称为（   ）。
   A. 全剖面图　　　　　　　　　B. 阶梯剖面图
   C. 展开剖面图　　　　　　　　D. 局部剖面图
2. 正投影是工程图样中常见的投影方式，正投影的基本性质包括真实性、类似性、（   ）。
   A. 立体性　　　　　　　　　　B. 精确性
   C. 积聚性　　　　　　　　　　D. 度量性
3. 标准图集的预制混凝土外墙板是由内叶墙板、外叶墙板和（   ）组成。
   A. 保温层　　　　　　　　　　B. 防水层
   C. 隔声层　　　　　　　　　　D. 防火层
4. 剪力墙布置图中，要标注预制剪力墙装配方向，外墙板以（   ）为装配方向。
   A. 内侧　　　　　　　　　　　B. 中心轴线
   C. 任意选定　　　　　　　　　D. 外侧
5. 预制楼梯施工图应包括：按标准层绘制的平面布置图、剖面图、预制楼梯构件表以及（   ）。
   A. 预制楼梯配筋图　　　　　　B. 楼梯编号表
   C. 预制梯段板连接节点　　　　D. 梯梁构造图
6. 叠合板模板及配筋施工图主要由板模板图、板配筋图、底板参数表和（   ）组成。
   A. 叠合板平面布置图　　　　　B. 底板配筋表
   C. 预埋件配件图　　　　　　　D. 叠合板吊装图
7. 由基本形体叠加和被切割而成的组合形体属于（   ）作图方法。

A. 叠加型   B. 组合型

C. 切割型   D. 综合型

8. 剖面图的剖切符号应由剖切位置线及投射方向线组成，剖切位置线长度宜为（ ）；投射方向线应垂直于剖切位置线，长度应短于剖切位置线，宜为（ ）。

  A. 4～8mm；2～4mm   B. 6～10mm；4～6mm

  C. 8～10mm；6～8mm   D. 8～12mm；6～8mm

9. 将断面图画在物体投影轮廓线之外的称为（ ）。

  A. 中断断面图   B. 重合断面图

  C. 移出断面图   D. 分层断面图

三、简答题

1. 请简述后浇段表的内容。

2. 请简述叠合板施工图应包含的内容。

3. 请简述预制钢筋混凝土板式楼梯剖面图的注写内容。

4. 请简述建筑平面布置图的内容。

第 2 章　生产过程质量检查

2.1　知识结构

1. 技术要点

① 生产单位应具备保证产品质量要求的生产工艺设施、试验检测条件，建立完善的质量管理体系和制度，并宜建立质量可追溯的信息化管理系统。

② 预制构件生产前，应由建设单位组织设计、生产、施工单位进行设计文件交底和会审。必要时，应根据批准的设计文件、拟定的生产工艺、运输方案、吊装方案等编制加工详图。

③ 预制构件生产前应编制生产方案，生产方案宜包括生产计划及生产工艺、模具方案及计划、技术质量控制措施、成品存放、运输和保护方案等。

④ 生产单位的检测、试验、张拉、计量等设备及仪器仪表均应检定合格，并应在有效期内使用。不具备试验能力的检验项目，应委托第三方检测机构进行试验。

⑤ 预制构件生产宜建立首件验收制度。

首件验收制度是指结构较为复杂的预制构件或新型构件首次生产或间隔较长时间重新生产时，生产单位需会同建设单位、设计单位、施工单位、监理单位共同进行首件验收，重点检查模具、构件、预埋件、混凝土浇筑成型中存在的问题，确认该批预制构件生产工艺是否合理，质量能否得到保障，共同验收合格之后方可批量生产。

⑥ 预制构件的原材料质量、钢筋加工和连接的力学性能、混凝土强度、构件结构性能、装饰材料、保温材料及拉结件的质量等均应根据国家现行有关标准进行检查和检验，并应具有生产操作规程和质量检验记录。

⑦ 预制构件生产的质量应按模具、钢筋、混凝土、预应力、预制构件等进行检验。预制构件的质量评定应根据钢筋、混凝土、预应力、预制构件的试验、检验资料等项目进行。当上述各检验项目的质量均合格时，方可评定为合格产品。

检验时对新制或改制后的模具应按件检验，对重复使用的定型模具、钢筋半成品和成品应分批随机抽样检验，对混凝土性能应按批检验。模具、钢筋、混凝土、预制构件制作、预应力施工等质量，均应在生产班组自检、互检和交接检的基础上，由专职品管员（质检员）进行检验。

⑧ 预制构件和部品生产中采用新技术、新工艺、新材料、新设备时，生产单位应制定专门的生产方案；必要时进行样品试制，经检验合格后方可实施。

生产单位欲使用新技术、新工艺、新材料时，可能会影响到产品的质量，必要时应试制样品，组织专家鉴定或论证，并经建设、设计、施工和监理单位核准后方可实施。

⑨ 预制构件和部品经检查合格后，应在构件表面设置标识，标识内容应包括生产单

位、构件编号、构件规格、生产日期及合格标志等信息，采用表面喷涂标识，有条件的宜埋置无线射频芯片标识。预制构件和部品出厂时，应出具质量证明文件。

目前，有些地方的预制构件生产实行了监理驻厂监造制度，应根据各地方技术发展水平细化预制构件生产全过程监测制度，驻厂监理应在出厂质量证明文件上签字，并在隐蔽工程验收单上签字，不合格构件不得出厂。

2. 质量规范标准

目前，针对装配式建筑国家和地方制定了相关的现行标准、规范以及图集，对装配式建筑的质量控制和验收也做出了相应的规定和要求。

① 《装配式混凝土结构技术规程》JGJ 1—2014，在构件制作与运输一章对构件检验内容做出了较为详细的规定，在工程验收一章对装配式建筑工程验收项目及要求做出了详细说明。

② 《装配式混凝土建筑技术标准》GB/T 51231—2016，在生产运输一章对预制构件检验、资料及交付做出了较为详细的规定，在质量验收一章对装配式建筑工程各个环节和内容的验收给出了详细的规定。

③ 《混凝土结构工程施工质量验收规范》GB 50204—2015，在装配式结构分项工程一章对预制构件检验、安装与连接质量做出了较为详细的规定。

④ 现行其他相关质量管理及验收规范，如表 2-1-1 所示。

现行其他相关质量管理及验收规范　　　　　　表 2-1-1

序号	名称	编号	适用阶段	类别	类型
1	《钢筋套筒灌浆连接应用技术规程》	JGJ 355	生产、施工、验收	行业	技术规程
2	《工厂预制混凝土构件质量管理标准》	JG/T 565	生产、验收	行业	技术标准
3	《预制预应力混凝土装配整体式框架结构技术规程》	JGJ 224	生产、施工、验收	行业	技术标准
4	《预制带肋底板混凝土叠合楼板技术规程》	JGJ/T 258	生产、施工、验收	行业	技术规程
5	《装配整体式混凝土结构预制构件制作与质量检验规程》	DGJ 08-2069	生产、验收	地标	验收规程
6	《装配整体式混凝土结构施工及质量验收规范》	DGJ 08-2117	施工、验收	地标	验收规范

目前装配式建筑预制构件生产、现场施工及工程验收已经有了相应的标准规范作为依据，各地市也根据自己实际情况制定了相应的标准规范，主要分为预制构件制作验收标准和施工验收标准，装配式建筑标准规范逐步完善，有利于装配式建筑的质量控制。

2.2 模具、模台检查

1. 基本要求

① 预制构件生产应根据生产工艺、产品类型等制定模具方案，应建立健全模具验收和使用制度。

② 模具应具有足够的强度、刚度和整体稳固性，并应符合下列规定：

A. 模具应装拆方便，并应满足预制构件质量、生产工艺和周转次数等要求。

B. 结构造型复杂、外形有特殊要求的模具应制作样板，经检验合格后方可批量制作。

C. 模具各部件之间应连接牢固，接缝应紧密，附带的埋件或工装应定位准确，安装牢固。

D. 用作底模的台座、胎模、地坪及铺设的底板等应平整光洁，不得有下沉、裂缝、起砂和起鼓。

E. 模具应保持清洁，涂刷隔离剂、表面缓凝剂时应均匀，无漏刷、无堆积，且不得沾污钢筋，不得影响预制构件外观。

F. 应定期检查侧模、预埋件和预留孔洞定位措施的有效性；应采取防止模具变形和锈蚀的措施；重新启用的模具应在检验合格后方可使用。

G. 模具与平模台间的螺栓、定位销、磁盒等固定方式应可靠，防止混凝土振捣成型时，造成模具偏移和漏浆。

③ 模具组合前应对模具和预埋件定位架等部位进行清理，严禁敲击。堆放场地应平整、坚实、无积水。模具与混凝土接触的表面应均匀涂刷隔离剂，表面有饰面材料铺贴除外。另外，装饰造型衬模应与底模和侧模密贴，不得漏浆。

④ 模具在生产前的检查验收项目主要有精度检验、外观检验、紧固件检验，所有项目经检查验收，符合要求后方可投入生产。

⑤ 模具的清洁应满足如下要求：

A. 模具缝隙之间应清理干净，否则会导致模具面板翘曲，影响预制构件尺寸精度。

B. 模具表面应清理干净，否则会导致预制构件脱模后表面脱皮，影响外观质量。

C. 两个模具之间的拼接处应清理干净，否则会导致预制构件脱模后接缝处漏浆，影响外观质量，构件尺寸精度。

D. 模具上表面混凝土应清理干净，否则会影响预制构件外观质量及表面平整度。

⑥ 模具拆装时候，禁止使用撬棒或大锤敲击模具，否则容易对预制构件造成损坏，且影响模具的使用寿命。

2. 尺寸偏差和检验方法

① 新模具拼装后应对模具进行检查验收。模具每改模一次，同一形状的预制构件每生产 10 件时对模具再进行检查。

② 对模具应定期检修，钢或铝合金型材模具每 3 个月或每周转生产 60 次应进行一次检修，装饰造型衬模每 1 个月或每周转 20 次应进行一次检修。

③ 对模具的各个角部用直角尺确认垂直度，模具平面接缝处用靠尺检测表面平整度。

④ 在模具拼装前，首次使用和新项目开始时，需对平台做平整度检验，可按平台检查表（表 2-2-1）所示，记录检查情况。检查合格后每生产 10 件再对平台进行一次检查。另外，移动模台或固定模台每 6 个月应进行一次检修。

⑤ 除有特殊要求外，预制构件模具尺寸允许偏差和检验方法应符合表 2-2-2 的规定，并应验收合格后再投入使用。

检查数量：全数检查。

平台检查表 表 2-2-1

工程名称：
平台号：
平台尺寸：
检查日： 年 月 日
平台检查点：

①	④	⑦	⑩
②	⑤	⑧	
③	⑥	⑨	

平台平整度测定值（mm）

序号	实测值	差异	序号	实测值	差异
①			⑦		
②			⑧		
③			⑨		
④			⑩		
⑤			—		
⑥			—		

（平台允许偏差为 2mm）

合格 / 不合格

检查人	日期

预制构件模具尺寸允许偏差和检验方法 表 2-2-2

项次	检验项目及内容		允许偏差（mm）	检验方法
1	长度	≤6m	1，−2	用钢尺量平行构件高度方向，取其中偏差绝对值较大处
		>6m 且≤12m	2，−4	
		>12m	3，−5	
2	截面尺寸	墙板	1，−2	用钢尺量测两端或中部，取其中偏差绝对值较大处
		其他构件	2，−4	
3	对角线差		3	用钢尺量纵、横两个方向对角线
4	侧向弯曲		$L/1500$ 且≤5	拉线，用钢尺量测侧向弯曲最大处
5	翘曲		$L/1500$	对角拉线测量交点间距离值的两倍
6	底模表面平整度		2	用 2m 靠尺和塞尺检查
7	组装缝隙		1	用塞片或塞尺量
8	端模与侧模高低差		1	用钢尺量

注：L 为模具与混凝土接触面中最长边的尺寸。

检查方法：按模具尺寸允许偏差和检验方法进行检查。

⑥ 若检查数据超出允许范围，应对模具进行修正，修正后使用模具检查表进行检查，合格后方可使用，模具检查表，如表 2-2-3 所示。

首次检查，表中所有项目全数检查；生产过程中，预制构件成品局部尺寸偏差超标时，则对偏差超标的项目进行复核。

2.3　钢筋及预埋件检查

1. 钢筋原材料及半成品检查

（1）钢筋原材料进厂检查

① 钢筋进厂时，应全数检查外观质量，并应按国家现行相关标准的规定抽取试件做屈服强度、抗拉强度、伸长率、弯曲性能和重量偏差检验，检验结果应符合相关标准的规定。检查数量应按进厂批次和产品的抽样检验方案确定。

钢筋对混凝土结构的承载能力至关重要，对其质量应从严要求。与热轧光圆钢筋、热轧带肋钢筋、余热处理钢筋、钢筋焊接网性能及检验相关的现行国家标准有：《钢筋混凝土用钢 第 1 部分：热轧光圆钢筋》GB/T 1499.1、《钢筋混凝土用钢　第 2 部分：热轧带肋钢筋》GB/T 1499.2、《钢筋混凝土用余热处理钢筋》GB 13014、《钢筋混凝土用钢 第 3 部分：钢筋焊接网》GB/T 1499.3、《冷拔低碳钢丝应用技术规程》JGJ 19 等。

② 预应力筋检查，应按国家现行相关标准的规定抽取试件做抗拉强度、伸长率检验，检验结果应符合相关标准的规定。

预应力筋分为有粘结预应力筋和无粘结预应力筋两种，常用的预应力筋有钢丝、钢绞线、精轧螺纹钢筋等。不同的预应力筋产品标准有：《预应力混凝土用钢绞线》GB/T 5224、《预应力混凝土用钢丝》GB/T 5223、《预应力混凝土用螺纹钢筋》GB/T 20065 和《无粘结预应力钢绞线》JG/T 161。

③ 钢筋和预应力筋进场后应按品种、规格、批次等分类堆放，并应采用防锈防蚀措施。

（2）成型钢筋进厂检查

① 同一厂家、同一类型且同一钢筋来源的成型钢筋，不超过 30t 为一批，每批中每种钢筋牌号、规格均应至少抽取 1 个钢筋试件，总数不应少于 3 个，进行屈服强度、抗拉强度、伸长率、外观质量、尺寸偏差和重量偏差检验，检验结果应符合国家现行有关标准的规定。

② 对由热轧钢筋组成的成型钢筋，当有企业或监理单位的代表驻厂监督加工过程并能提供原材料力学性能第三方检验报告时，可仅进行重量偏差检验。

③ 钢筋成品尺寸允许偏差和检验方法应符合表 2-3-1 中的规定。

④ 预制构件中钢筋焊接网应符合现行国家标准《钢筋混凝土用钢 第 3 部分：钢筋焊接网》GB/T 1499.3 的有关规定。预制混凝土构件中使用的钢筋桁架应符合现行行业标准《钢筋混凝土用钢筋桁架》YB/T 4262 的要求。

模具检查表

表 2-2-3

模具检查表

模具检查表	复核	检查
工程名称		
检查日期		
模具号		

模具精度

底模面水平

序号	数值	允许差	判定
①		扭曲 2.0	
②			
③		弯曲 2.0	
④			
⑤		2.0	
⑥			
⑦			
⑧			
⑨			
⑩			

侧模的弯曲 / 对角线长差、直角度

序号	图纸尺寸	模具尺寸	误差	允许差	判定
⑪				3.0	
⑫				H≤300 1.0 / H>300 2.0	
⑬ 组装缝隙				1.0	
⑭ 端模与侧模高低差				1.0	

序号	图纸尺寸	模具尺寸	误差	允许差	判定
⑪					
⑮⑯⑰					
⑱⑲⑳					
Ⅴ					

构件图

模具尺寸

序号	图纸尺寸	模具尺寸	误差	允许差	判定	序号	图纸尺寸	模具尺寸	误差	允许差	判定
A						K					
B						L					
C						M					
D						N					
E						O					
F						P					
G						Q					
H						R					
I						S					
J						T					

埋件尺寸

序号	图纸尺寸	模具尺寸	误差	允许差	判定	序号	图纸尺寸	模具尺寸	误差	允许差	判定
①						⑧					
②						⑨					
③						⑩					
④						⑪					
⑤						⑫					
⑥						⑬					
⑦						⑭					

项目		允许偏差（mm）	检验方法
钢筋网片	长、宽	±5	钢尺检查
	网眼尺寸	±10	钢尺量连续三档，取最大值
	对角线	5	钢尺检查
	端头不齐	5	钢尺检查
钢筋骨架	长	±5	钢尺检查
	宽	±5	钢尺检查
	高（厚）	±5	钢尺检查
	主筋间距	±10	钢尺量两端、中间各一点，取最大值
	主筋排距	±5	钢尺量两端、中间各一点，取最大值
	箍筋间距	±10	钢尺量连续三档，取最大值
	弯起点位置	15	钢尺检查
	端头不齐	5	钢尺检查
	保护层 柱、梁	±5	钢尺检查
	保护层 板、墙	±3	钢尺检查

注：《装配式混凝土建筑技术标准》GB/T 51231—2016。

2. 钢筋骨架检查

① 对钢筋骨架按照设计要求和规范进行质量检验，检验内容包括：外观质量、尺寸偏差和规格等，检验合格后经质检员挂牌签字方能使用。

② 钢筋应有产品合格证，并按有关规定进行复试，钢筋的质量也要符合有关规定。

A. 钢筋进场后应按钢筋的品种、规格、批次等分别堆放。

B. 钢筋骨架尺寸应准确，宜采用专用成型架绑扎成型。

C. 钢筋骨架中钢筋品种、规格、数量和位置等应符合有关规定和设计文件的要求。

D. 钢筋骨架中开孔部位应根据图纸要求配置辅强筋，加强筋有不少于三处的绑扎固定点。

E. 当钢筋的品种、规格和数量需做变更时，应办理设计变更文件。

F. 钢筋应平直、无损伤，表面不得有油污、颗粒状或片状老锈。

③ 检查结果不符合要求时，钢筋骨架须进行修正，并接受再检查，直到符合配筋图的尺寸要求后才能使用。

④ 叠合楼板桁架钢筋应按照设计要求放置，钢筋桁架制品安装位置允许偏差应符合表 2-3-2 的规定。

项次	检验项目	允许偏差（mm）
1	长度	总长度的 ±0.3%，且不超过 ±10
2	高度	+1，−3
3	宽度	±5
4	扭翘	≤5

检查数量：全数检查。

检查方式：观察，钢尺检查。

3. 预埋件进厂检查

预埋件经检查合格方能入库。当检查出现不合格的情况时，联系材料采购部门，进行退（换）货。入库检查方法见表 2-3-3，预埋件检查见表 2-3-4。

入库检查方法 表 2-3-3

项目	目测检查
检查的时间	收货时
检查频率	每个种类
检查项目	数量、外观
检查方法	送货单的确认及目测
检查项目和合格判定标准	数量：确认是否与清单数量一致 种类：指定的种类 外观：无明显生锈、污点、变形等
合格品的处理	放入指定地点
不合格品的处理	与供应商联络，进行退（换）货
记录	在送货单上记录合格与否，储存位置

预埋件检查表 表 2-3-4

工程名称							型号			
本期数量							此处为预埋件详图			
检查数量										
检查比例	3‰									
检查结果										
检查日期										
检查人员										
主要尺寸记录（mm）								入库检查		
检查件号	A	B	C	D	E	F	焊高	检查结果	检查日期	备注
1								合　否		
2								合　否		
3								合　否		
4								合　否		
5								合　否		
6								合　否		
7								合　否		
8								合　否		
9								合　否		
10								合　否		

注：此表为预埋件进厂验收检查表，用于主体结构受力埋件的全数检查，其埋件按千分之三比例抽检。

① 材料接收时，对照送货单，确认以下事项与要求事项一致时，再办理接收手续。

A. 接收者。

B. 接收日期。

C. 品名。

D. 数量。

E. 质量。

F. 其他要求事项。

② 预埋件按工程、种类不同分别储存。

③ 尽量避免生锈，不得沾染油污或造成损伤。

4. 预埋件加工检验

① 预埋件的材质、尺寸及性能应符合设计要求和现行国家标准的规定。供应商应提供产品合格证或质量检验报告。

② 设计未明确时，预制构件的预埋吊具应采用未经冷加工的 HPB300 级钢筋制作。

为了达到节约材料、方便施工和可靠吊装的目的，并避免外露金属件的锈蚀，预制构件的吊装方式宜优先采用内埋式螺母、内埋式吊杆或预留吊装孔，这些部件及配套的专用吊具等所采用的材料，应根据相应的产品标准和应用技术规程选用。

③ 钢筋锚固板及锚筋材料应符合现行国家标准《混凝土结构设计规范》GB 50010 和现行行业标准《钢筋锚固板应用技术规程》JGJ 256 的有关规定。

装配整体式结构预制构件的连接方式，根据建筑物的不同层高、不同抗震设防烈度等条件，可以采用许多不同的形式。当建筑物层数较低时，采用钢筋锚固板、预埋件等连接方式。

④ 连接用焊接材料，螺栓、锚栓和铆钉等紧固件的材料应符合现行国家标准《钢结构设计标准》GB 50017、《钢结构焊接规范》GB 50661 和现行行业标准《钢筋焊接及验收规程》JGJ 18 等的规定。

⑤ 钢筋套筒灌浆连接接头采用的钢筋套筒应符合现行行业标准《钢筋连接用灌浆套筒》JG/T 398 的规定。

⑥ 预制构件之间钢筋连接所用的钢筋套筒及灌浆料的适配性应通过钢筋连接接头检验确定，其检验方法应符合现行行业标准《钢筋套筒灌浆连接应用技术规程》JGJ 355 的规定。

⑦ 金属波纹管浆锚搭接连接采用的金属波纹管应符合现行上海市建设规范《装配整体式混凝土公共建筑设计规程》DGJ 08—2154 和《装配整体式混凝土居住建筑设计规程》DG/TJ 08—2071 的有关规定。

⑧ 预制混凝土夹心保温外墙板和预制叠合夹心保温墙板所用连接内外叶墙的连接件宜采用纤维增强塑料（FRP）连接件或不锈钢连接件。连接件力学性能和耐久性能应符合国家相关标准规范和设计的要求。

⑨ 石材等饰面材料与混凝土之间的连接件应符合设计文件的规定。

⑩ 预埋件、连接用钢材和预留孔洞模具的数量、规格、位置和安装方式等应符合设计规定，固定措施应可靠。预制构件上的预埋件和预留孔洞宜通过模具进行定位，并安装

牢固。模具上预埋件、预留孔洞安装允许偏差及检验方法应符合表 2-3-5 的规定。预制构件中预埋门窗框时，应在模具上设置限位装置进行固定，并应逐一检验。门窗框安装允许偏差和检验方法应符合表 2-3-6 的规定。检查数量为全数检查。

模具上预埋件、预留孔洞安装允许偏差及检验方法　　　　表 2-3-5

项次	检验项目及内容		允许偏差（mm）	检验方法
1	预埋钢板、建筑幕墙用槽式预埋组件	中心线位置	3	用钢尺量平行构件高度方向，取其中偏差绝对值较大处
		平面高差	±2	钢直尺和塞尺检查
2	预埋管、电线盒、电线管水平和垂直方向的中心线位置偏移、预留孔、浆锚搭接预留孔（或波纹管）		2	用尺量测纵横两个方向的中心线位置，取其中较大值
3	插筋	中心线位置	3	用尺量测纵横两个方向的中心线位置，取其中较大值
		外露长度	+10，0	用尺量测
4	吊环	中心线位置	3	用尺量测纵横两个方向的中心线位置，取其中较大值
		外露长度	0，−5；+8，0	用尺量测
5	预埋螺栓	中心线位置	2	用尺量测纵横两个方向的中心线位置，取其中较大值
		外露长度	+5，0	用尺量测
6	预埋螺母	中心线位置	2	用尺量测纵横两个方向的中心线位置，取其中较大值
		外露长度	±1	钢尺和塞尺检查
7	预留洞	中心线位置	3	用尺量测纵横两个方向的中心线位置，取其中较大值
		尺寸	+3，0	用尺量测纵横两个方向尺寸，取其中较大值
8	灌浆套筒及连接钢筋	灌浆套筒中心线位置	1	用尺量测纵横两个方向的中心线位置，取其中较大值
		连接钢筋中心线位置	1	用尺量测纵横两个方向的中心线位置，取其中较大值
		连接钢筋外露长度	+5，0	用尺量测
9	预埋管、预留孔	中心线位置	3	钢尺检查
		孔尺寸	±3	钢尺检查

门窗框安装允许偏差及检验方法 表 2-3-6

项次	检验项目及内容		允许偏差（mm）	检验方法
1	锚固脚片	中心线位置	5	钢尺检查
		外露长度	+5，0	钢尺检查
2	门窗框位置		2	钢尺检查
3	门窗框高、宽		±2	钢尺检查
4	门窗框对角线		±2	钢尺检查
5	门窗框平整度		2	钢尺检查

2.4 隐蔽工程检查

1. 钢筋骨架安装检查

钢筋制品应轻放入模，使用钢筋垫块控制钢筋各部位的保护层厚度，确保钢筋满足图纸及规范要求。

钢筋制品安装位置的偏差可参考《装配整体式混凝土结构预制构件制作与质量检验规程》DGJ 08—2069 的规定。钢筋制品尺寸允许偏差和检验方法见表 2-4-1。检查数量为全数检查。

钢筋制品尺寸允许偏差和检验方法 表 2-4-1

项目			允许偏差（mm）	检验方法
钢筋网片	长、宽		±5	钢尺检查
	网眼尺寸		±5	钢尺量连续三档，取最大值
钢筋骨架	长		±5	钢尺检查
	宽、高		±5	钢尺检查
受力钢筋	间距		±5	钢尺量两端、中间各一点，取最大值
	排距		±5	
	保护层	柱、梁	±5	钢尺检查
		板、墙	±3	钢尺检查
钢筋、横向钢筋间距			±5	钢尺量连续三档，取最大值
钢筋弯起点位置			15	钢尺检查

2. 预埋件安装检查（尺寸、规格、数量）

（1）预埋件的材质、尺寸和性能应符合设计要求和现行国家有关标准的规定。供应商应提供产品合格证或质量检验报告。

（2）预埋件和预留孔洞的允许偏差和检验方法可参考表 2-4-2 的规定。检查数量为全数检查。

预埋件和预留孔洞的允许偏差和检验方法 表 2-4-2

项目		允许偏差（mm）	检验方法
预埋钢筋锚固板	中心线位置	3	钢尺检查
	安装平整度	0，−3	靠尺和塞尺检查
预埋管、预留孔	中心线位置	3	钢尺检查
	孔尺寸	±3	钢尺检查
门窗口	中心线位置	3	钢尺检查
	宽度、高度	±2	钢尺检查
插筋	中心线位置	3	钢尺检查
	外露长度	+5，0	钢尺检查
预埋吊环	中心线位置	3	钢尺检查
	外露长度	+8，0	钢尺检查
预留洞	中心线位置	3	钢尺检查
	尺寸	±3	钢尺检查
预埋螺栓	螺栓中心线位置	2	钢尺检查
	螺栓外露长度	±2	钢尺检查
钢筋套筒	中心线位置	1	钢尺检查
	平整度	±1	靠尺和塞尺检查

3. 孔、洞模具检查

模具应安装牢固、尺寸准确、拼缝严密、不漏浆，精度必须符合设计要求，并应经验收合格后再投入使用，模具尺寸的允许偏差和检验方法见表 2-4-3。检查数量为全数检查。

模具尺寸的允许偏差和检验方法 表 2-4-3

检验项目及内容		允许偏差（mm）	检验方法
长度	≤6m	1，−2	用钢尺量平行构件高度方向，取其中偏差绝对值较大处
	>6m 且 ≤12m	2，−4	
	>12m	3，−5	
截面尺寸	墙板	1，−2	用钢尺测量两端或中部，取其中偏差绝对值较大处
	其他构件	2，−4	
对角线差		3	用钢尺量纵、横两个方向对角线
侧向弯曲		$L/1500$ 且 ≤5	拉线，用钢尺量侧向弯曲最大处
翘曲		$L/1500$	对角拉线测量交点间距离值的两倍
底模表面平整度		2	用 2m 靠尺和塞尺检查
组装缝隙		1	用塞片或塞尺量
端模与侧模高低差		1	用钢尺量

注： L 为模具与混凝土接触面中最长边的尺寸。

4. 门窗框检查

门窗框安装位置应逐件检查,门框和窗框安装允许偏差和检验方法可参考表 2-4-4 的规定。检查数量为全数检查。

门框和窗框安装允许偏差和检验方法 表 2-4-4

项目		允许偏差(mm)	检验方法
锚固脚片	中心线位置	5	钢尺检查
	外露长度	5, 0	钢尺检查
门窗框位置		±1.5	钢尺检查
门窗框高、宽		±1.5	钢尺检查
门窗框对角线		±1.5	钢尺检查
门窗框的平整度		1.5	靠尺检查

5. 其他检查

面砖、石材粘贴的允许偏差和检验方法应符合表 2-4-5 的规定。

面砖、石材粘贴的允许偏差和检验方法 表 2-4-5

项次	项目	允许偏差(mm)	检验方法
1	表面平整度	2	2m 靠尺和塞尺检查
2	阳角方正	2	2m 靠尺检查
3	上口平直	2	拉线,钢直尺检查
4	接缝平直	3	钢直尺和塞尺检查
5	接缝深度	±5	
6	接缝宽度	±2	钢直尺检查

2.5 混凝土浇筑前检查及混凝土浇捣检查

1. 混凝土浇筑前检查

在混凝土浇筑前对主筋、埋件、保护层厚度进行检查,见图 2-5-1～图 2-5-3。

图 2-5-1 混凝土浇筑前主筋检查

图 2-5-2　混凝土浇筑前埋件检查

图 2-5-3　混凝土浇筑前保护层检查

混凝土浇筑前检查项目、检查内容及判定标准见表 2-5-1。

混凝土浇筑前检查项目、检查内容及判定标准　　　　　　表 2-5-1

项目	内容	判定标准
配筋	内保护层	0～10mm 以内
	外保护层	
	固定度	绑扎牢固，浇捣时不能移动
垫块	确认垫块位置	左、右板端 4 处，面部 9 处以上
预埋件	种类	根据图纸
	数量	
	固定度	绑扎牢固，浇捣时不能移动
	位置	±3mm
加强筋	位置	根据图纸
	固定度	绑扎牢固，浇捣时不能移动

　　如检查数据超出范围，应进行修正，浇捣前检查结束后，白板上写浇捣日、板名、检查者名并全数拍照后，再进行下一步工序操作。

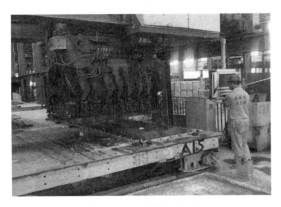

图 2-5-4 混凝土放料

2. 混凝土收面、拉毛检查

① 混凝土放料口的高度与模具之间的距离应控制在 30cm 以内。对构件厚度超过 30cm 的产品，其下料厚度应不超过 30cm 为一层，层层如此。混凝土放料见图 2-5-4。

② 混凝土浇筑应连续进行，同时应观察模具、门窗框和预埋件等的变形和位移，变形和位移超出规定的允许偏差时，应采取补强和纠正措施。浇捣完成后，检查留出筋等是否有移位，见图 2-5-5。

③ 撒在地上的混凝土不得再放入模具中使用。混凝土从搅拌到使用的时间不宜超过 30min。浇捣料落于平台上见图 2-5-6。

④ 抹面时不得洒水，普通预制构件需使用拖板，轻骨料构件需用钢丝网拍将上面浮骨料拍平、提浆。收水抹面见图 2-5-7。

⑤ 初次抹面后，按不同气温确定静养时间，待混凝土表面初步收干后，方可进行二次抹面，拉毛及收光应在二次抹面后进行。二次收水抹面见图 2-5-8。

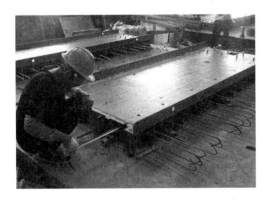

图 2-5-5　浇捣完成后，检查留出筋等是否有移位

图 2-5-6　浇捣料落于平台上

图 2-5-7　收水抹面

图 2-5-8　二次收水抹面

2.6 预制构件养护和脱模

1. 预制构件养护

预制构件采用自然养护时，应符合现行国家标准《混凝土结构工程施工规范》GB 50666、《混凝土结构工程施工质量验收规范》GB 50204 的规定。预制构件采用加热养护时，应符合现行标准《工厂预制混凝土构件质量管理标准》JG/T 565 的规定，应按养护制度要求控制静停、升温、恒温和降温时间，控制升温速度不宜超过 20ºC/h，降温速度不宜超过 15ºC/h，最高养护温度不宜超过 70ºC。当预制构件采用蒸汽养护时，蒸汽罩内外温差小于 25ºC 时，方可进行脱罩作业。

2. 构件脱模

模具的拆除应根据模具结构及拆模顺序进行，严禁使用振动模具的方式拆模。

（1）预制构件脱模起吊要求

① 根据《工厂预制混凝土构件质量管理标准》JG/T 565—2018 的规定，预制构件脱模起吊时，同条件混凝土试块强度应满足设计要求，且不应小于 15MPa。

② 预应力混凝土构件脱模起吊时，同条件养护混凝土立方体试块抗压强度应满足设计要求，且不应小于混凝土强度等级设计值的 75%。

③ 预制构件吊点设置应满足平稳起吊的要求，平吊吊运不宜少于 4 个吊点，侧吊吊运不宜少于 2 个且不宜多于 4 个吊点。

④ 预制构件脱模起吊通知单见表 2-6-1。

预制构件脱模起吊通知单　　　　　　　　　　　　　　表 2-6-1

单位：　　　　　　　　试验编号：　　　　　　　　签发日期：

构件设计强度（MPa）	试块起吊强度（MPa）	达到设计强度的百分比（%）	备注
结论	月　　　日生产的构件可以起吊		

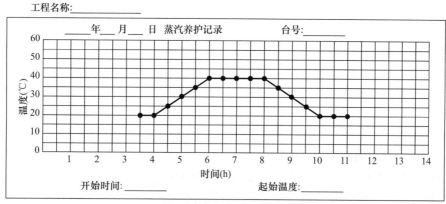

5月、10月蒸汽养护记录表

签名人：　_____

（2）预制构件修补要求

① 预制构件生产应设置专用整修场地，在整修区域对刚脱模的构件进行清洗、质量检查和修补。

② 对于各种类型的混凝土外观缺陷，预制构件生产单位应制定相应的修补方案，并配有相应的修补材料和工具。

③ 预制构件应在修补合格后，再运至合格品堆放场地。

2.7 预制构件质量通病产生的原因及防治

1. 预制构件表面缺陷

常见的预制构件表面缺陷，见图2-7-1。

(a) 麻面　　　(b) 蜂窝　　　(c) 裂缝　　　(d) 露筋

图 2-7-1 常见的预制构件表面缺陷

（1）麻面

1）产生原因

① 模板表面粗糙或清理不干净，粘有干硬水泥砂浆等杂物，拆模时混凝土表面被粘损，出现麻面。

② 模板隔离剂涂刷不均匀或局部漏刷，拆模时混凝土表面粘结模板，引起麻面。

③ 模板接缝拼装不严密，浇捣混凝土时有缝隙漏浆，使混凝土表面沿模板缝位置出现麻面。

④ 混凝土振捣不密实，混凝土中的气泡未被全部排出，部分气泡停留在模板表面，形成麻点。

2）预防措施

① 将模板清理干净，不得粘有干硬水泥等杂物。

② 模板表面要均匀涂刷隔离剂，不得漏刷。

③ 混凝土必须分层、均匀、振捣密实，严防漏振；每层混凝土应振捣至气泡全部排出时为止。

3）处理办法

① 结构表面做粉刷的，可不处理。

② 表面无粉刷的，应在麻面部位浇水充分湿润后，用1:2水泥砂浆抹平压光。

（2）露筋

1）产生原因

① 在浇筑混凝土时，钢筋保护层垫块发生移位或垫块太少、漏放或被压碎，均有可

能导致露筋。

② 构件截面小，钢筋过密，石子卡在钢筋上，使水泥砂浆不能充满钢筋周围，造成露筋。

③ 混凝土配合比不当，产生离析时，靠近模板部位缺浆或模板漏浆。

④ 混凝土保护层太薄，保护层处混凝土漏振，振捣不密实，振动器撞击钢筋或人员踩踏钢筋，钢筋移位，造成露筋。

2）预防措施

① 浇筑混凝土前，应保证钢筋位置和保护层厚度正确，并应加强检查，发现问题要及时修正，可采用专用塑料或混凝土垫块。

② 当钢筋绑扎过密时，应选用粒径适宜的石子，保证混凝土配合比正确，并具有良好的和易性。

③ 浇筑高度超过 1m 应采用溜槽浇筑混凝土。

④ 模板应充分湿润，并认真堵好缝隙。

⑤ 混凝土振捣过程中严禁撞击钢筋，防止钢筋移位。在钢筋密集处，可采用带刀片的振动器进行振捣。

⑥ 操作时，避免踩踏钢筋，如有钢筋被踩弯或绑扎脱扣等现象，应及时调直、修正钢筋。

⑦ 混凝土要振捣密实，正确掌握脱模时间，防止过早拆模，碰坏预制构件棱角。

3）处理办法

① 表面露筋：在表面抹 1:2 或 1:2.5 水泥砂浆，将露筋部位抹平。

② 露筋较深：凿去薄弱混凝土凸突出颗粒，将露筋部位洗刷干净后，用比原来高一强度等级的细石混凝土填塞、压实，认真养护。

（3）蜂窝

1）产生原因

① 混凝土配合比不当或砂、石子、水泥材料加水量不准确，造成砂浆少、石子多。

② 混凝土搅拌时间不够或未拌和均匀，和易性差，振捣不密实。

③ 未按操作规程浇筑混凝土，下料不当；未设溜槽造成石子砂浆离析；混凝土振捣不实、漏振或振捣时间不够。

④ 模板有缝隙未被堵严，水泥浆流失。

⑤ 钢筋较密，使用的石子粒径过大或坍落度过小。

2）预防措施

① 严格控制混凝土的配合比，按规定时间或批次检查，做到计量准确。

② 混凝土拌合均匀，坍落度符合设计要求。

③ 混凝土下料高度超过 1m 应设溜槽，浇灌应分层下料，分层振捣，防止漏振。

④ 模板缝隙应被堵塞严密，在浇筑过程中，应随时检查模板支撑情况，防止漏浆。

3）处理方法

① 小蜂窝：洗刷干净后，用 1:2 或 1:2.5 水泥砂浆抹平压实。

② 大蜂窝：将松动石子和凸出骨料颗粒剔除，将蜂窝部位洗刷干净后，用高一强度等级的细石混凝土仔细填塞、压实，加强养护。

③ 较深蜂窝：如清除困难，可埋压浆管、排气管，在表面抹砂浆或浇筑混凝土封闭后，进行水泥压浆处理。

（4）孔洞

1）产生原因

由于混凝土离析，砂浆严重分离，石子成堆，又未进行振捣而产生。另外，混凝土受冻、泥块杂物掺入等，都会形成孔洞。

2）预防措施

① 在钢筋密集处及复杂部位，采用细石混凝土浇筑，使混凝土充满模板，并认真分层振捣密实。

② 预留孔洞应在两侧同时下料，侧面加开浇筑口。

③ 采用正确的振捣方法，防止漏振。

④ 若砂石中混有泥土块，模板工具等杂物掉入混凝土内，应及时清除干净。

3）处理方法

① 对混凝土孔洞的处理，通常要经有关单位共同研究制定修补方案，经批准后方可处理。

② 一般是将孔洞周围的松散混凝土凿除，洒水充分湿润后，用高一强度等级的细石混凝土仔细浇筑捣实。

（5）缺棱掉角

1）产生原因

① 混凝土浇筑前模板未充分湿润，造成棱角处混凝土中水分被模板吸去，水化不充分，强度降低，拆模时棱角损坏。

② 常温施工时，拆模过早或拆模后保护不好造成棱角损坏。

2）预防措施

拆模时混凝土应达到足够的强度，且用力不要过猛，避免表面和棱角破坏。

3）处理方法

① 缺棱掉角较小时，可将该处用钢丝刷刷净，用清水冲洗，充分湿润后，用1:2或1:2.5的水泥砂浆修补。

② 掉角较大时，将松动石子和凸出颗粒剔除，刷洗干净后，支模，再用高一强度等级的细石混凝土仔细填塞、振捣，加强养护。

2. 构件尺寸位置偏差

（1）位移

1）现象

洞口及预埋件等的位移超过允许偏差值。

2）原因分析

① 模板支撑不牢固，混凝土振捣时产生位移；画线误差大，没有认真校正和核对，或没有及时调整，累计误差过大。

② 洞口模板及预埋件固定不牢靠，混凝土浇筑、振捣方法不当，造成门洞口和预埋件产生较大位移。

3）预防措施

①模板固定要牢靠，防止模板在混凝土浇筑时产生较大水平位移；

②位置线要准确，要及时调整误差，并及时检查、核对，保证施工误差不超过允许偏差值。

③模板应拼接严密，防止浇筑过程中漏浆。

④模板及各种预埋件位置和标高应符合设计要求，做到位置准确，检查合格后，方能浇筑混凝土。

⑤防止混凝土浇筑时冲击入料口模板和预埋件，入料口两侧混凝土必须均匀浇筑和振捣。

⑥振捣混凝土时，不得振动钢筋、模板及预埋件，以免模板变形或预埋件位移或脱落。

4）处理方法

①偏差值不影响结构施工质量要求时，可不进行处理；如只需进行局部剔凿和修补处理时，可用 1:1:2（普通硅酸盐白水泥:粉煤灰:普通硅酸盐水泥）混合水泥砂浆掺入适量专用建筑胶修补，修补颜色须与原混凝土颜色保持一致。

②偏差值影响结构安全要求时，应按相关程序确定处理方案后再处理。

（2）板面不平整

1）现象

混凝土的厚度不均匀，表面不平整。

2）产生原因

振捣方式和表面处理不当，以及模板变形或模板支撑不牢所致。

3）预防措施

①浇筑混凝土板应采用平板式振动器振捣，其有效振动深度为 200～300mm，相邻两段之间应搭接振捣 3～5cm。

②混凝土浇筑后 12h 内，应进行覆盖养护。

③混凝土模板应有足够的强度、刚度和稳定性。

④在浇筑混凝土过程中，要注意观察模板和支撑，如有变形应立即停止浇筑，并在混凝土初凝前修整、加固。

（3）胀模

1）现象

预制构件侧向变形超过允许偏差值。

2）产生原因

模板的安装和支撑方式不当，模板本身的强度和刚度不够，此外，混凝土浇筑时不按操作规程浇筑，也会出现胀模现象。

3）预防措施

支架的支撑部分和竖向模板必须安装坚实；混凝土浇筑前应仔细检查模板尺寸和位置是否正确，支撑是否牢固，发现问题及时处理；浇筑时，应由外向内对称进行，不得由一端向另一端推进，防止模板倾斜；浇筑混凝土应按要求浇筑。

4）处理办法

当侧向偏差、表面平整度超过允许偏差值较小，不影响结构工程质量时，可通过后续施工工艺补救。当侧向偏差值超过允许偏差值较多，影响结构工程质量要求时，应在拆模检查后，根据具体情况把偏差值较大的混凝土部分剔除，并进行修补处理。

3. 预制构件内部缺陷

（1）混凝土强度不足

当混凝土出厂同条件检验试块抗压强度不足设计强度等级值的 75%，或 28d 标准养护试件抗压强度低于设计强度等级值，即为强度不足。

1）产生原因

① 混凝土原材料的问题：水泥过期或受潮结块，活性降低；砂、石骨料级配不好，空隙大，含泥量大，杂物多；外加剂使用不当，掺量不准。

② 配合比设计的问题：生产配合比未经试验室验证；计量工具陈旧或维修管理不好等有可能导致混凝土强度不足。

③ 搅拌操作的问题：生产中随意加水，使水灰比增大；配合比以重量折合体积比，造成配合比称料不准确；混凝土加料顺序颠倒，搅拌时间不够，拌和不均匀。

④ 浇捣的问题：对混凝土振捣不实，发现混凝土有离析现象时，未能及时采取有效措施纠正。

⑤ 养护的问题：养护管理不善，或养护条件不符合要求，在同条件养护时，发生早期脱水或外力破坏。冬期生产时，拆模过早或早期受冻。

2）预防措施

① 水泥应有出厂合格证，并应对其品种、等级、包装和出厂日期等进行检查验收；过期水泥经试验合格，方可降级使用。

② 砂、石子粒径、级配和含泥量等应符合要求，严格控制混凝土配合比，保证计量准确。

③ 混凝土应按顺序拌制，保证搅拌时间，确保搅拌均匀。

④ 冬期生产时，在混凝土的浇筑过程中，要防止混凝土早期冻害。

⑤ 按要求认真制作混凝土试块，并加强对试块的养护。

3）处理办法

① 当混凝土强度偏低，可用非破坏检验方法（如回弹仪法、超声波法等）来测定混凝土的实际强度。

② 当混凝土强度偏低，不能满足要求时，可按实际强度校核结构的安全度，研究处理方案，采用相应的加固或补强措施。若无法处理，则视为不合格。

（2）预埋部件移位

1）原因分析

① 预埋件固定不牢靠，混凝土振捣时产生位移。

② 混凝土振捣不当，预埋件产生较大位移。

2）预防措施

① 预埋件固定要牢靠，防止模板在浇筑时产生较大水平位移。

② 预埋件位置应准确，安装完成后及时检查、核对，发现误差及时检查调整。

③ 防止混凝土浇筑时冲击预埋件。

④振捣混凝土时，不得振动钢筋、模板及预埋件，以免预埋件位移或脱落。

3）处理方法

①位移值不影响结构施工质量的可不进行处理。

②位移值影响结构安全要求时，应按相关程序确定处理方案后，再按照方案处理。

（3）钢筋保护层厚度不足

钢筋保护层简单说来就是混凝土对钢筋的包裹层，在实际生产中往往会出现钢筋保护层偏厚的现象，当钢筋保护层厚度不足时，混凝土抵御空气渗透的能力减弱。预制构件钢筋保护层厚度不足见图 2-7-2。

1）产生原因

①钢筋混凝土保护层厚度严重不足，或在施工时形成的表面缺陷，如掉角、露筋、蜂窝、孔洞裂缝等，没有被处理或处理不当。

②钢筋制作时，纵向受力钢筋保护层厚度计算有误，钢筋半成品尺寸偏差较大。

2）预防措施

①仔细核对钢筋图纸，严控钢筋半成品加工尺寸。

②在拆模及吊装过程中注意对成品的保护，防止出现缺棱掉角现象。

③模板安装时，安装不牢靠产生位移、跑模现象，导致保护层成型尺寸不标准。

3）处理方法

如果钢筋保护层厚度不足，一般均采用抹水泥砂浆的方法来处理。如抹水泥砂浆厚度较大，最好挂钢丝网，抹水泥砂浆前应先刷一遍结构胶，再抹水泥砂浆，这样可避免空鼓和开裂。

图 2-7-2 预制构件钢筋保护层厚度不足

练习与思考

一、填空题

1. 预应力筋分为有粘结预应力筋和无粘结预应力筋两种，常用的预应力筋有_____、_____、_____等。

2. 首件验收制度是指生产单位需会同_____、_____、_____、_____共同进行首件验收。

3. 预制构件生产的质量检验项目包括_____、_____、_____、_____、_____等，所有项目均应根据国家现行有关标准进行检查和检验。

4. 当预制构件和部品生产中采用_____、_____、_____、_____时，生产单位应制定专项生产方案。

5. 预制构件和部品经检查合格后，宜设置_____；预制构件和部品出厂时，应出具_____。

6. 模具检查应按_____偏差和_____进行检查。

7. 钢筋进场时，应全数检查外观质量，并应按国家现行相关标准的规定抽取试件进行_____、_____、_____、_____、_____检验。

8. 预制构件之间钢筋连接所用的钢筋套筒及灌浆料的适配性应通过_____确定。

9. 模具的拆除应根据_____及_____进行，严禁使用振动模具方式拆模。

10. 预制构件内部缺陷主要有_____、_____、_____。

二、选择题

1. 以下哪一项不属于预制构件的质量评定内容？（   ）

    A. 钢筋   B. 预应力

    C. 试验   D. 吊装

2. 以下哪一项不属于模具生产前的检查验收项目？（   ）

    A. 精度检验   B. 外观检验

    C. 重量检验   D. 紧固件检验

3. 模具应定期进行检修，固定模台或移动模台每（   ）应进行一次检修。

    A. 3个月   B. 1个月

    C. 一年   D. 6个月

4. 对模具的各个角部用（   ）确认垂直度，模具平面接缝处用（   ）检测平整度。

    A. 卷尺；靠尺   B. 直角尺；靠尺

    C. 直角尺；卷尺   D. 靠尺；直角尺

5. 当预制构件模具尺寸长度大于6m，且小于等于12m时，模具的允许偏差为（   ）。

    A. 1mm，−2mm   B. 2mm，−4mm

C. 3mm，−5mm   D. 2mm，−5mm

6. 模具组合前应对（   ）和（   ）等部位进行检查。

    A. 模具；预埋定位架   B. 螺栓孔；模具

    C. 预埋吊具；模具   D. 预埋定位架；螺栓孔

7. 混凝土搅拌到使用时间不得超过（   ）。

    A. 20min   B. 1h

    C. 40min   D. 30min

8. 预制构件起吊点设置应满足平稳起吊的要求，平吊吊运不宜少于（   ）个，侧吊吊运不宜少于（   ）个且不宜多于（   ）个吊点。

    A. 3；2；4   B. 4；4；6

    C. 2；2；4   D. 4；2；4

9. 以下（   ）不是预制构件常见的表面缺陷。

    A. 麻面   B. 裂缝

    C. 露筋   D. 凹坑

三、简答题

1. 请简述预制构件模具以及模台的检修周期。

2. 请简述在隐蔽工程检查过程中，钢筋骨架安装检查的具体内容。

3. 请简述混凝土浇筑前检查的具体项目内容。

第3章 预制构件成品及出厂检查

3.1 成品检查

1. 一般规定

① 预制构件生产单位应具备相应的生产工艺设施，并应有完善的质量管理体系和必要的试验检测仪器。

② 预制构件制作前，应对其技术要求和质量标准进行技术交底，并应制定生产方案。生产方案应包括生产工艺、模具方案、生产计划、技术质量控制措施、成品保护、堆放及运输方案等内容。

③ 预制构件所用的混凝土工作性能应根据产品类别和生产工艺要求确定，构件用混凝土原材料及配合比设计应符合现行国家标准《混凝土结构工程施工规范》GB 50666、现行行业标准《普通混凝土配合比设计规程》JGJ 55 和《高强混凝土应用技术规程》JGJ/T 281 等的规定。

④ 预制结构构件采用钢筋套筒灌浆连接时，应在构件生产前进行钢筋套筒灌浆连接接头的抗拉强度试验，每种规格的连接接头试件数量不应少于 3 个。

⑤ 预制构件所使用的钢筋的加工、连接与安装应符合现行国家标准《混凝土结构工程施工规范》GB 50666 和《混凝土结构工程施工质量验收规范》GB 50204 等的有关规定。

2. 成品检查内容

① 预制构件拆模完成后，应及时对预制构件的外观质量、外观尺寸、预留钢筋、连接套筒、预埋件和预留孔洞的位置进行检查验收。

② 应在预制构件明显部位或不被隐蔽的部位设置表面标识，标识内容应包括：构件编号、制作日期、合格状态、生产单位等信息。

3. 预制构件外观质量缺陷

批量生产的梁板类简支受弯构件应进行结构性能检验；当材料管理、生产管理、工厂监造、质量管理、资料备案管理等方面有可查实的质量控制文件和质量证明文件，可不进行结构性能检验。

预制构件生产时应制定措施避免出现外观质量缺陷。外观质量缺陷根据其影响结构性能、安装和使用功能的严重程度，可划分为严重缺陷和一般缺陷，预制构件外观质量缺陷划分见表 3-1-1。

① 预制构件拆模后应及时对其外观质量进行全数目测检查。预制构件外观质量不应有缺陷，对已经出现的严重缺陷应按技术处理方案进行处理并重新检验，对出现的一般缺陷应进行修整并达到合格。

预制构件外观质量缺陷划分 表 3-1-1

名称	现象	严重缺陷	一般缺陷
露筋	构件内钢筋未被混凝土包裹而外露	纵向受力钢筋有露筋	其他钢筋有少量露筋
蜂窝	混凝土表面缺少水泥砂浆而形成石子外露	构件主要受力部位有蜂窝	其他部位有少量蜂窝
孔洞	混凝土中孔洞深度和长度均超过保护层厚度	构件主要受力部位有孔洞	其他部位有少量孔洞
夹渣	混凝土中夹有杂物且深度超过保护层厚度	构件主要受力部位有夹渣	其他部位有少量夹渣
疏松	混凝土中局部不密实	构件主要受力部位有疏松	其他部位有少量疏松
裂缝	缝隙从混凝土表面延伸至混凝土内部	构件主要受力部位有影响结构性能或使用功能的裂缝	其他部位有少量不影响结构性能或使用功能的裂缝
连接部位缺陷	构件连接处混凝土有缺陷及连接钢筋、连接件松动	连接部位有影响结构传力性能的缺陷	连接部位有基本不影响结构传力性能的缺陷
外形缺陷	缺棱掉角、棱角不直、翘曲不平、飞边凸肋等	清水混凝土构件有影响使用功能或装饰效果的外形缺陷	其他混凝土构件有不影响使用功能的外形缺陷
外表缺陷	构件表面麻面、掉皮、起砂等	具有重要装饰效果的清水混凝土构件有外表缺陷	其他混凝土构件有不影响使用功能的外表缺陷

② 预制构件不应有影响结构性能、安装和使用功能的尺寸偏差。对超过尺寸允许偏差且影响结构性能和安装、使用功能的部位应经原设计单位认可,按技术处理方案进行处理,并重新检查验收。

③ 除与预制构件粗糙面相关的尺寸允许偏差可适当放宽外,预制构件尺寸允许偏差及检查方法可参考表 3-1-2 的规定。

预制构件尺寸允许偏差及检查方法 表 3-1-2

项目			允许偏差（mm）	检查方法
长度	板、梁、柱、桁架	＜12m	±5	尺量检查
		≥12m 且＜18m	±10	
		≥18m	±20	
宽度、高（厚）度	板、梁、柱、桁架截面尺寸		±5	钢尺量一端及中部,取其中偏差绝对值较大处
	墙板的高度、厚度		±3	
表面平整度	板、梁、柱、墙板内表面		5	2m 靠尺和塞尺检查
	墙板外表面		3	
侧向弯曲	板、梁、柱		$L/750$ 且≤20	拉线、钢尺量最大侧向弯曲
	墙板、桁架		$L/1000$ 且≤20	
翘曲	板		$L/750$	调平尺在两端量测
	墙板		$L/1000$	

项目		允许偏差（mm）	检查方法
对角线差	板	10	钢尺量两个对角线
	墙板、门窗口	5	
挠度变形	梁、板、桁架设计起拱	±10	拉线，钢尺量最大弯曲处
	梁、板、桁架下垂	0	
预留孔	中心线位置	5	尺量检查
	孔尺寸	±5	
预留洞	中心线位置	5	尺量检查
	洞口尺寸、深度	±5	
门窗口	中心线位置	5	尺量检查
	宽度、高度	±3	
预埋件	预埋件钢筋锚固板中心线位置	5	尺量检查
	预埋件钢筋锚固板与混凝土面平面高差	0，−5	
	预埋螺栓中心线位置	2	
	预埋螺栓外露长度	±5	
	预埋套筒、螺母中心线位置	2	
	预埋套筒、螺母与混凝土面平面高差	0，−5	
	线管、电盒、木砖、吊环在构件平面的中心线位置偏差	20	
	线管、电盒、木砖、吊环与构件表面混凝土高差	0，−10	
预留插筋	中心线位置	3	尺量检查
	外露长度	5，0	
键槽	中心线位置	5	尺量检查
	长度、宽度、深度	±5	

注：L 为构件长边的长度。

4. 检验规则

① 预制构件的预埋件、插筋、预留孔的规格、数量应符合设计要求。

检查数量：逐件检验。

检验方法：观察和量测。

② 预制构件的粗糙面或键槽成型质量应满足设计要求。

检查数量：逐件检验。

检验方法：观察和量测。

③ 面砖与混凝土的粘结强度应符合现行行业标准《建筑工程饰面砖粘结强度检验标准》JGJ/T 110 和《外墙饰面砖工程施工及验收规程》JGJ 126 的有关规定。

检查数量：按同一工程、同一工艺的预制构件分批抽样检验。

检验方法：检查试验报告单。

④ 预制构件采用钢筋套筒灌浆连接时，应在构件生产前进行钢筋套筒灌浆连接接头的抗拉强度试验。

检查数量：按同一工程、同一工艺的预制构件分批抽样检验。

检验方法：检查试验报告单、质量证明文件。

⑤ 夹心外墙板的内外叶墙板之间的拉结件类别、数量、使用位置及性能应符合设计要求。

检查数量：按同一工程、同一工艺的预制构件分批抽样检验。

检验方法：检查试验报告单、质量证明文件及隐蔽工程检查记录。

⑥ 夹心保温外墙板用的保温材料类别、厚度、位置及性能应符合设计要求。

检查数量：按批检查。

检验方法：观察、测量，检查保温材料质量证明文件及检验报告。

⑦ 混凝土强度应符合设计文件及国家现行有关标准的规定。

检查数量：按构件生产批次在混凝土浇筑地点随机抽取标准养护试件，取样频率应符合规范要求。

检验方法：应符合现行国家标准《混凝土强度检验评定标准》GB/T 50107 的有关规定。

⑧ 预制构件结构性能检验应符合下列规定：

梁板类简支受弯预制构件应进行结构性能检验，并应符合下列规定：

A. 结构性能检验应符合现行国家有关标准的有关规定及设计要求，检验要求和试验方法应符合现行国家标准《混凝土结构工程施工质量验收规范》GB 50204 的有关规定。

B. 钢筋混凝土构件和允许出现裂缝的预应力混凝土构件应进行承载力、挠度和裂缝宽度检验；不允许出现裂缝的预应力混凝土构件应进行承载力、挠度和抗裂检验。

C. 对大型及有可靠应用经验的构件，可只进行裂缝宽度、抗裂和挠度检验。

D. 对使用数量较少的构件，当能提供可靠依据时，可不进行结构性能检验。

对其他预制构件，除设计有专门要求外，可不做结构性能检验；当施工单位或监理单位代表驻厂监督生产过程时，除设计有专门要求外可不做结构性能检验，施工单位或监理单位应在产品合格证上确认。

检验数量：同一类型预制构件不超过 1000 个为一批，每批随机抽取 1 个构件进行结构性能检验。

检验方法：检查结构性能检验报告或实体检验报告。

注："同类型"是指同一钢种、同一混凝土强度等级、同一生产工艺和同一结构形式。抽取预制构件时，宜从设计荷载最大、受力最不利或生产数量最多的预制构件中抽取。

3.2 成品修补检查

1. 修补检验

当发现预制构件表面有破损、气泡、裂缝，但不影响构件的结构性能和使用时，要及时进行修复并做好记录。

根据预制构件缺陷程度不同，分别采用不低于混凝土设计强度的专用浆料、环氧树脂、专用防水浆料等进行修补。常见缺陷及修补方法见表 3-2-1。

常见缺陷及修补方法   表 3-2-1

缺陷的状态		修补方法	备注
裂缝	对构件结构产生影响的裂缝，或对连接埋件和留出钢筋的耐受力有障碍的裂缝	×	—
	宽度超过 0.3mm、长度超过 500mm 的裂缝	×	—
	上述情况外宽度超过 0.1mm 的裂缝	○	—
	宽度在 0.1mm 以下，贯通构件的裂缝	□	—
	宽度在 0.1mm 以下，不贯通构件的裂缝	□	—
破损、掉角	对构件结构产生影响的破损，或对连接埋件和留出钢筋的耐受力有障碍的破损	×	—
	长度超过 20cm 且超过板厚的 1/2 的破损	×	—
	板厚的 1/2 以下，长度在 2～20cm 以内的破损	□	修补后，接受质检人员的检查
	板厚的 1/2 以下、长度在 2cm 以下的掉角	□	修补
气孔、混凝土的表面完成度	表面收水及打硅胶部位、直径在 3mm 以上的。其他要求参照样品板	□	双方检查确认后的产品作为样品板
其他	产品检查中被判为不合格的产品	×	—
备注	×：废板（上述被表示为"×"的项目及图纸发生变更前已制作的产品。废板必须做好检查，然后移放至废板堆放场地，并做好易于辨识的标识。对于废板，应在其具体情况及原因分析的基础上做出不合格的处置报告，及预防质量事故再发生的书面报告） ○：注入低黏性环氧树脂 □：（树脂砂浆）修补表面		

预制构件缺陷注意事项如下：

① 预制构件修补材料应和基材相匹配，主要考虑颜色、强度、粘结力等因素。

② 修补的表面效果应和基材不要有大的差异，可进行适当的打磨。

③ 修补应该在预制构件完成脱模检查，确定修复方案后立即进行，周围环境温度不要过高，最好是在 30℃以下进行。

2. 预制构件报废

对于预制构件成品存在下列问题的需做废弃处理：

① 存在影响结构性能且不能恢复的破损。

② 存在影响钢筋、连接件、预埋件锚固的破损。

③ 存在影响结构性能且不能恢复的裂缝。

④ 存在影响钢筋、连接件、预埋件锚固的裂缝。

⑤ 存在宽度大于0.3mm且长度超过300mm的裂缝。

对报废构件分析原因，做好废品记录，制定相应的对策，同时通知相关人员进行质量教育，防止同类质量事故的再次发生。

3.3 预制构件堆放及出厂检查

1. 预制构件堆放要求

（1）车间内存放

1）在车间内设置预制构件存放区

存放区内主要存放出窑后需要检查、修复等，有临时存放需求的预制构件。蒸养构件出窑后，应静置一段时间后，方可转移到室外堆放。

车间内存放区根据立式、平式存放方式，划分出不同的存放区域。存放区内设置预制构件存放专用支架和专用托架，同一跨车间内主要使用行车进行短距离的构件运输，跨车间或长距离运送时，可采用构件运输车（图3-3-1），以及叉车叉送等方式。

图 3-3-1 构件运输车

车间内预制构件临时存放区与生产区之间要画出明显的分隔界限，预制构件生产车间见图3-3-2。

2）不同预制构件存放的方式有所不同

预制构件在车间内选择不同的堆放姿态时，首先要保证预制构件的结构安全，其次要考虑方便运输和存放。

在车间堆放同类型预制构件时，应按照不同工程项目、楼号、楼层进行分类存放。预制构件底部应放置两根通长方木，防止构件与硬化地面接触而造成构件缺棱掉角。同时两个相邻预制构件之间也应设置方木，防止构件起吊时对相邻构件造成损坏。

图 3-3-2　预制构件生产车间

① 叠合板堆放应严格按照标准图集要求，叠合板下部放置通长方木（100mm×100mm），垫木放置在桁架两侧。每根方木与构件端部的距离、堆放的层数不得超过有关规范要求。不同板号要分类堆放，叠合板堆放见图 3-3-3。

图 3-3-3　叠合板堆放

叠合板构件较薄，宜放置在转运架上，使用叉车叉运，防止在运输过程中，叠合板发生断裂现象，同时也方便运输。

② 预制内墙板在临时存放区内立式存放，预制外挂墙板外形尺寸较大，一般采用侧立存放。

③ 预制楼梯采用立式存放，预制楼梯底部与地面之间应设置垫木，预制楼梯存放见图 3-3-4。

④ 预制柱和预制梁均采用平式存放，底部与地面以及层与层之间应设置垫木，预制梁、柱存放见图 3-3-5。

图 3-3-4 预制楼梯存放

图 3-3-5 预制梁、柱存放

（2）车间外存放

1）预制构件堆放场地的基本要求

存放场地宜为混凝土硬化地面或经人工处理的自然地坪，堆放预制构件的场地应平整、坚实，排水良好。堆放预制构件时应使构件与地面之间留有一定空隙，堆垛之间宜设置通道，必要时应设置防止构件倾覆的支撑架。

2）预制构件在发货前一般堆放在露天堆场内

在车间内检查合格，并放置一段时间后，用专用预制构件转运车和随车起重运输车、改装后的平板车将预制构件运至室外堆场分类存放。

3）在堆场内的每个存放单元内划分不同的存放区，用于存放不同的预制构件。

根据堆场每跨宽度，在堆场内呈线性设置钢结构墙板存放架，每跨可设 2～3 排存放架，存放架距离起重机轨道 4～5m。在钢结构存放架上，每隔 400mm 设置一个可穿过钢管的孔道，上下错开布置。根据墙板厚度选择上下临近孔道，插入钢棒，卡住墙板，预制墙板存放见图 3-3-6。因立放墙板的重心高,故存放时必须考虑紧固措施(一般使用楔形木加固),防止在存放过程中因外力(风或振动)造成墙板倾倒,而使预制构件损坏。

叠合板存放见图 3-3-7。

图 3-3-6 预制墙板存放

图 3-3-7 叠合板存放

堆放预制构件时应保证最下层构件垫实,预埋吊环向上,标识向外。垫木或垫块在预制构件下的位置宜与脱模、吊装时的起吊位置一致。重叠堆放预制构件时,每层预制构件间的垫木或垫块应在同一垂直线上。堆垛层数应根据储存场地的地基承载力及预制构件类型确定,不同类型构件堆放层数应满足如下要求:

① 预制柱堆放层数不宜超过 4 层,且高度不宜超过 2.4m,预制柱存放见图 3-3-8。

② 预制叠合梁堆放层数不宜超过 3 层,且高度不宜超过 2.4m,预制叠合梁存放见图 3-3-9。

③ 叠合板堆放层数不宜超过 6 层,且高度不宜超过 2.4m。

④ 预制预应力空心板堆放层数不宜超过 6 层,且高度不宜超过 2.4m。

图 3-3-8　预制柱存放

图 3-3-9　预制叠合梁存放

2. 预制构件出厂检查

（1）产品标识检查验收

1）标识样式及产品合格证

预制构件在脱模并检验合格后，应在 PC 构件表面显著位置喷涂标识。预制构件表面标识系统应能准确反映构件的基本信息，如构件表面无标识系统，禁止出厂。

预制构件标识具有唯一性，应包括工程名称（含楼号）、构件编号、构件重量、使用部位、生产厂家、生产日期、检验人等信息，并标有"合格"字样。预制构件采用表面喷涂标识，有条件的宜埋置无线射频芯片标识，产品标识见图 3-3-10。

图 3-3-10　产品标识图

预制构件生产企业应按照有关标准规定或合同要求，签发产品质量证明书和产品合格证，明确重要技术参数，有特殊要求的还应提供安装说明书。

产品合格证应包括下列内容：

① 合格证编号、构件编号。

② 产品数量。

③ 预制构件型号。

④ 质量情况。

⑤ 生产企业名称、生产日期、出厂日期。

⑥ 质检员、质量负责人签名。

2）埋设芯片与粘贴二维码

为了在预制构件生产、运输存放、装配施工等环节，保证构件信息跨阶段的无损传递，实现精细化管理和产品的可追溯性，就要为每个预制构件编制唯一的"身份证"——ID 识别码（二维码或芯片）。二维码、芯片见图 3-3-11。在生产预制构件时，在同一类构件的同一位置，置入射频识别（RFID）电子芯片或粘贴二维码，这也是物联网技术应用的基础。

① 芯片技术

为适应工业信息化大环境，加强对预制构件生产企业的管理，在生产的预制构件中植

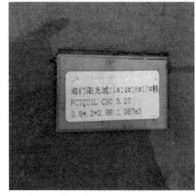

图 3-3-11　二维码、芯片

68

入 RFID 芯片进行身份标识，以便对构件从生产、质检、出厂、工地接收、工地质检、装配、维护等整个生命周期的相关信息进行管理，解决在沟通及管理过程中产生的困扰，实现信息实时共享、可视化，提高构件品质，减少沟通成本。

RFID 芯片在竖向构件中，应埋设在相对楼层建筑高度 1.5m 处，在叠合板、梁等水平预制构件中，统一埋设在构件中央位置，芯片置入深度为 30～50mm，且不宜过深。

② 二维码

二维码标识应设置在预制构件的显著位置，预制构件表面的二维码标识应清晰、可靠。二维码一般应包括以下内容：

A. 工程信息。包括：工程名称，建设单位、施工单位、监理单位及预制构件生产单位的信息。

B. 基本信息。预制构件包括：构件名称、构件编号、规格尺寸、使用部位、重量、生产日期、钢筋规格型号、钢筋厂家、钢筋牌号、混凝土设计强度、水泥生产单位、混凝土用砂产地、混凝土用石子产地及混凝土外加剂使用情况。

C. 验收信息。包括：验收时混凝土强度、尺寸偏差、观感质量、生产企业验收负责人、驻厂施工单位验收责任人及质量验收结果。

D. 其他信息。包括：预制构件现场堆放说明、现场安装交底及注意事项等其他信息。

总体来说，二维码粘贴简单，相对成本低，但易丢失；芯片成本高，埋设位置安全，不易丢失，但均可实现如下预期效果：

A. 各环节信息化管理：标签信息绑定到预制构件中，实现对构件、人员、时间及批次的跟踪。

B. 沟通效率提高：信息化手段的应用可防止数据在沟通过程中出现丢失，大大提升工厂内部、工厂与工地之间的沟通效率。

C. 全过程追溯：可追溯到预制构件的相关信息，如生产人员、生产批次、质检员、生产时间、出厂时间及安装时间等。

3）标识读取

二维码可直接采用微信扫描方式直接获取相关信息。RFID 芯片可采用 RFID 扫描枪进行扫描，且可进一步实现自动化管理，其基本流程如下：

A. 生产管理：预制构件生产完成时，使用 RFID 手机读取电子标签数据，录入完成时间、完成数量及规格等信息。

B. 出厂管理：在工厂大门内外安装 RFID 阅读器，对装载于车辆上的预制构件标签进行读取，判断进出方向，与订单信息匹配。

C. 入场管理：在项目现场安装 RFID 阅读器，自动识读进入现场的预制构件 RFID 标签数据，将信息同步到系统平台。

D. 堆场管理：在堆场安装 RFID 阅读器，对堆场预制构件进行自动识读，监测其变化。

E. 安装管理：在塔式起重机上安装 RFID 阅读器，在塔式起重机对预制构件进行吊装时，自动识读预制构件标签，自动记录预制构件安装时间。

F. 溯源管理：对已经安装好的预制件，通过 RFID 手机进行单件识读，显示该预制构件信息。

（2）出厂验收

① 预制构件出厂前按照要求进行再次检查，确认产品质量、构件编号、垫木位置及固定状态等符合要求。

② 每件预制构件在装车时发现的质量问题必须及时解决，符合要求才能装车。

③ 预制构件生产单位应提供构件质量证明文件。

④ 预制构件应具有生产企业名称、制作日期、品种、规格及编号等信息的出厂标识，出厂标识应设置在便于现场识别的部位。

练习与思考

一、填空题

1. 预制构件拆模完成后，应及时对预制构件的外观质量、外观尺寸、_____、_____、_____及_____，进行检查验收。

2. 外观质量缺陷根据其_____、_____及_____，可划分为严重缺陷和一般缺陷。

3. 预制构件和允许出现裂缝的预应力混凝土构件应进行_____、_____及_____检验。

4. 当发现预制构件表面有_____、_____及_____，但不影响预制构件的结构性能和使用时，要及时进行修复并做好记录。

5. 预制叠合板堆置层数不宜超过_____层，且高度不宜超过_____。

6. 当同一批混凝土试块的抗压强度平均值_____；3个试件中的最大或最小的强度值与中间值相比超过_____，即为强度不足。

7. 预制构件表面缺陷主要有_____、_____、_____、_____、_____及_____。

8. 预制构件结构性能检验的检验数量应为同一类型预制构件不超过_____为一批，每批随机抽取_____个构件进行结构性能检验。

二、选择题

1. 以下哪一项不属于预制构件制作前生产方案的内容？（　　　）
   A. 生产工艺　　　　　　　　B. 模具方案
   C. 技术质量控制措施　　　　D. 成品修复

2. 预制构件生产前进行钢筋套筒灌浆连接接头的抗拉强度试验，每种规格的连接接头试件数量不应少于（　　　）。
   A. 3个　　　　　　　　　　B. 5个
   C. 9个　　　　　　　　　　D. 10个

3. 预制构件进行结构性能检验时，同一类型预制构件的检验数量不超过（　　　）个为一批，每批随机抽取（　　　）个构件进行结构性能检验。
   A. 500；3　　　　　　　　B. 1000；1
   C. 500；1　　　　　　　　D. 1000；3

4. 构件修补材料的使用，应和基材相匹配，以下哪项不属于主要考虑的因素？（　　　）
   A. 颜色　　　　　　　　　　B. 强度
   C. 粘结力　　　　　　　　　D. 固化时间

5. 当预制构件存在的裂缝宽度大于（　　　），且裂缝长度超过（　　　）时，预制构件需作废弃处理。
   A. 0.3mm；100mm　　　　　B. 0.3mm；300mm

C. 0.2mm；100mm   D. 0.2mm；300mm

6. 预制柱堆置层数不宜超过（   ）层，且高度不宜超过（   ）m。

A. 6；3.6   B. 4；2.4

C. 5；3.2   D. 3；2.4

7. 以下哪一项不属于预制构件二维码标识所涵盖的信息？（   ）

A. 工程信息   B. 基本信息

C. 验收信息   D. 试验信息

8. 预制构件出厂前按照要求进行再次检查，以下哪项不属于需要检查的技术质量指标？（   ）

A. 构件编号   B. 产品质量

C. 垫木位置   D. 产品数量

三、简答题

1. 请简述预制构件拆模完成后的检查内容以及表面标识的内容。

2. 请简述预制构件缺陷修补的注意事项。

3. 请简述预制构件车间外堆放场地的基本要求。

第 4 章 装配式混凝土建筑施工质量检查

4.1 预制构件及物料进场质量验收

预制构件在出厂前需要进行出厂检查，质量不合格的构件不允许出厂。但在运输、装卸过程中，仍可能造成预制构件损坏。因此，在进入施工现场时应再次进行质量检查。

1. 进场检查的一般要求

预制构件进场时须附隐蔽验收单及产品合格证，施工单位和监理单位应对进场预制构件进行质量检查。质量检查内容包括：预制构件质量证明文件和出厂标识、预制构件外观质量、尺寸偏差。另外，重点注意做好预制构件图纸编号与实际构件的一致性检查，以及预制构件在明显部位标明的生产日期、预制构件型号、生产单位和预制构件生产单位验收标识的检查。预制构件表面必须喷涂构件的相关信息，且应附加粘贴预制构件的二维码信息。预制构件标识见图 4-1-1。

图 4-1-1　预制构件标识

2. 预制构件进场检查项目

预制构件的进场质量验收应符合现行国家标准《装配式混凝土建筑技术标准》GB/T 51231 中质量验收条款，以及现行国家规范《混凝土结构工程施工质量验收规范》GB 50204 的有关规定。另外，预制构件的饰面质量应符合设计要求，并应符合现行国家标准《建筑装饰装修工程质量验收标准》GB 50210 的有关规定。

具体内容包括预制构件进场验收的主控项目及一般项目。其中预制构件质量控制的主控项目包括：质量证明文件、结构性能检验、严重质量缺陷、面砖饰面材料；一般项目主要包括：一般质量缺陷、饰面砖外观、预埋件的情况等。预制构件出厂前厂家都会安排进行出厂验收，但是施工单位及监理单位应严格按照相关规范标准要求组织验收，防止因厂方生产质量控制不力，对装配式建筑的施工质量造成影响。

（1）主控项目

1）检查质量证明文件及出厂标识

预制构件进场时应全数检查其质量证明文件或质量验收记录，例如质量保证书等，表 4-1-1 为预制构件质量保证书模板。

企业名称（盖章）		工程名称	
企业地址		工程地址	
联系电话		联系电话	
产品名称		执行标准	
企业备案证编号		原材料及配件备案证编号	砂石：
注册商标/标识（图形/文字）			水泥：
			主筋：
试验报告编号			灌浆套筒：
出厂日期			夹心保温连接件
本车次构件体积	大写： （m³）		其他：

序号	规格型号	产品编号	混凝土抗压强度（MPa）			备注
			设计等级	出厂强度	检验结论	
1						
2						
3						
4						
5						
6						
7						
8						
9						
10						
11						
12						
检验结论						
检验人员		审核人员		签发日期	20 年 月 日	

第一联：企业留存

预制构件质量证明文件主要包括：

① 原材料质量证明文件、复试试验记录和试验报告；

② 混凝土强度检验报告。

③ 钢筋接头的试验报告。

④ 预制构件检验记录。

⑤ 楼梯、梁、板等简支预制构件结构性能检测报告。

⑥ 预制构件出厂合格证（型号、数量、检验人、出厂日期）。

⑦ 钢筋套筒等其他预制构件钢筋连接类型的工艺检验报告。

⑧ 合同要求的其他质量证明文件。

预制构件的标识应包括生产企业名称，生产日期，预制构件编号、品种、规格和强度等级，并且出厂标识应设置在便于现场识别的部位。预制构件应按品种、规格分区、分类存放，并设置标牌。

2）主控项目质量检查要点

① 外伸钢筋须检查钢筋类型、直径、数量、位置和外伸长度是否符合设计要求。

② 全数检查套筒和浆锚孔数量、位置及套筒内是否有异物堵塞。

③ 全数检查钢筋连接孔数量、位置以及预留洞内是否有异物堵塞。

④ 全数检查预埋件数量、位置、锚固情况。

⑤ 全数检查预埋防雷引下线数量、位置、外伸长度，避雷引下线安装位置。

⑥ 全数检查预埋管线数量、位置以及管内是否有异物堵塞。

⑦ 全数检查吊点预埋是否正确。

3）结构性能检验

预制构件进场时应进行结构性能检验，预制构件结构性能检验应符合下列规定：

① 梁板类简支受弯预制构件进场时应进行结构性能检验，并应符合下列规定：

A. 结构性能检验应符合国家现行相关标准的有关规定及设计的要求，检验要求和试验方法应符合现行国家标准《混凝土结构工程施工质量验收规范》GB 50204 的有关规定。

B. 预制构件和允许出现裂缝的预应力混凝土构件应进行承载力、挠度和裂缝宽度检验；不允许出现裂缝的预应力混凝土构件应进行承载力、挠度和抗裂检验。

C. 对大型预制构件及有可靠应用经验的预制构件，可只进行裂缝宽度、抗裂和挠度检验。

D. 对使用数量较少的预制构件，当能提供可靠依据时，可不进行结构性能检验。

E. 对多个工程共同使用的同类型预制构件，结构性能检验可共同委托，其结果对多个工程共同有效。

② 对于不可单独使用的预制叠合板，可不进行结构性能检验。对预制叠合梁构件，是否进行结构性能检验、结构性能检验的方式应根据设计要求确定。

③ 对本条第①②款之外的其他预制构件，除设计有专门要求外，进场时可不做结构性能检验。

④ 本条第①②③款规定中不做结构性能检验的预制构件，应采取下列措施：

A. 施工单位或监理单位代表应驻厂监督生产过程。

B. 当无代表驻厂监督时，预制构件进场时应对其主要受力钢筋数量、规格、间距、保护层厚度及混凝土强度等进行实体检验。

检验数量：同一类型（"同一类型"是指同一钢种、同一混凝土强度等级、同一生产工艺和同一结构形式。抽取预制构件时，宜从设计荷载最大、受力最不利或生产数量最多的预制构件中抽取。）预制构件不超过 1000 个为一批，每批随机抽取 1 个构件进行结构性能检验。

检验方法：检查结构性能检验报告或实体检验报告。

4）严重外观质量缺陷

预制构件外观质量不应有严重缺陷，预制构件严重外观质量缺陷见表 4-1-2，且不应有影响结构性能和安装、使用功能的尺寸偏差，产生严重缺陷的构件不得使用。

检查数量：全数检查。

检验方法：观察、尺量；检查处理记录。

预制构件严重外观质量缺陷

表 4-1-2

名称	现象	严重缺陷
露筋	构件内钢筋未被混凝土包裹而外露	纵向受力钢筋有露筋
蜂窝	混凝土表面缺少水泥砂浆而形成石子外露	构件主要受力部位有蜂窝
孔洞	混凝土中孔洞深度和长度均超过保护层厚度	构件主要受力部位有孔洞
夹渣	混凝土中夹有杂物且深度超过保护层厚度	构件主要受力部位有夹渣
疏松	混凝土局部不密实	构件主要受力部位有疏松
裂缝	缝隙从混凝土表面延伸至混凝土内部	构件主要受力部位有影响结构性能或使用功能的裂缝
连接部位缺陷	构件连接处混凝土有缺陷及连接钢筋、连接件松动	连接部位有影响结构传力性能的缺陷
外形缺陷	缺棱掉角、棱角不直、翘曲不平、飞边凸肋等	清水混凝土构件有影响使用功能或装饰效果的外形缺陷
外表缺陷	构件表面麻面、掉皮、起砂等	具有重要装饰效果的清水混凝土构件有外表缺陷

5）饰面材料

预制构件表面预贴饰面砖、石材等饰面与混凝土的粘结性能应符合设计和国家现行有关标准的规定。

检查数量：按批检查。

检验方法：观察或轻击检查，与样板比对；检查拉拔强度检验报告。

（2）一般项目

1）一般外观质量缺陷

预制构件外观质量不宜有一般缺陷，产生一般缺陷时，应由预制构件生产单位或施工单位进行修整处理，修整技术处理方案应经监理单位确认后实施，经修整处理后的预制构件应重新检查。预制构件一般外观质量缺陷见表 4-1-3。

检查预制构件一般外观质量缺陷的内容：不影响结构性能或使用功能的裂缝；连接部位有基本不影响结构传力性能的缺陷；不影响使用功能的外形缺陷和外表缺陷。

检查数量：全数检查。

检验方法：观察、检查技术处理方案和处理记录。

预制构件一般外观质量缺陷　　　　　　　表 4-1-3

名称	现象	一般缺陷
露筋	构件内钢筋未被混凝土包裹而外露	非纵向受力钢筋有少量露筋
蜂窝	混凝土表面缺少水泥砂浆而形成石子外露	非构件主要受力部位有少量蜂窝
孔洞	混凝土中孔穴深度和长度均超过保护层厚度	非构件主要受力部位有少量孔洞
夹渣	混凝土中夹有杂物且深度超过保护层厚度	非构件主要受力部位有少量夹渣
疏松	混凝土中局部不密实	非构件主要受力部位有少量疏松
裂缝	缝隙从混凝土表面延伸至混凝土内部	非构件主要受力部位有少量不影响结构性能或使用功能的裂缝
连接部位缺陷	构件连接处混凝土有缺陷及连接钢筋、连接件松动	连接部位有基本不影响结构传力性能的缺陷
外形缺陷	缺棱掉角、棱角不直、翘曲不平、飞边凸肋等	非清水混凝土构件有不影响使用功能的外形缺陷
外表缺陷	构件表面麻面、掉皮、起砂等	非重要装饰混凝土构件有不影响使用功能的外表缺陷

2）粗糙面

预制构件粗糙面的外观质量、键槽的外观质量和数量应符合设计要求。键槽及粗糙面见图 4-1-2。

检查数量：全数检查。

检验方法：观察、量测。

图 4-1-2　键槽及粗糙面

3）饰面材料外观质量

预制构件表面预贴饰面砖、石材等饰面及装饰混凝土饰面的外观质量应符合设计要求或国家现行有关标准的规定。

检查数量：按批检查。

检验方法：观察或轻击检查，与样板比对。

4）预埋件

预制构件上的预埋件、预留插筋、预留孔洞、预埋管线、预埋套筒等规格型号及数量应符合设计要求。预制构件预埋件偏差允许范围见表 4-1-4。

预制板类构件预埋件允许偏差			
检查项目		允许偏差（mm）	检验方法
预埋钢板	中心线位置偏差	5	用尺量测纵横两个方向的中心线位置，取其中较大值
	平面高差	0，-5	用尺紧靠在预埋件上，用楔形塞尺，量测预埋件平面与混凝土面的最大缝隙
预埋螺栓	中心线位置偏移	2	用尺量测纵横两个方向的中心线位置，取其中较大值
	外露长度	10，-5	用尺量
预埋线盒、电盒	在构件平面的水平方向中心位置偏差	10	用尺量
	与构件表面混凝土高差	0，-5	用尺量
预留孔	中心线位置偏移	5	用尺量测纵横两个方向的中心线位置，取其中较大值
	孔尺寸	±5	用尺量测纵横两个方向尺寸，取其最大值
预留洞	中心线位置偏移	5	用尺量测纵横两个方向的中心线位置，取其中较大值
	洞口尺寸、深度	±5	用尺量测纵横两个方向尺寸，取其最大值
预留插筋	中心线位置偏移	3	用尺量测纵横两个方向的中心线位置，取其中较大值
	外露长度	±5	用尺量
吊环、木砖	中心线位置偏移	10	用尺量测纵横两个方向的中心线位置，取其中较大值
	留出高度	0，-10	用尺量
桁架钢筋高度		5，0	用尺量
预制墙板类构件预埋件允许偏差			
检查项目		允许偏差（mm）	检验方法
预埋钢板	中心线位置偏移	5	用尺量测纵横两个方向的中心线位置，取其中较大值
	平面高差	0，-5	用尺紧靠在预埋件上，用楔形塞尺，量测预埋件平面与混凝土面的最大缝隙
预埋螺栓	中心线位置偏移	2	用尺量测纵横两个方向的中心线位置，取其中较大值
	外露长度	10，-5	用尺量
预埋套筒、螺母	中心线位置偏移	2	用尺量测纵横两个方向的中心线位置，取其中较大值
	平面高差	0，-5	用尺紧靠在预埋件上，用楔形塞尺，量测预埋件平面与混凝土面的最大缝隙
预留孔	中心线位置偏移	5	用尺量测纵横两个方向的中心线位置，取其中较大值
	孔尺寸	±5	用尺量测纵横两个方向的中心线位置，取其中较大值
预留洞	中心线位置偏移	5	用尺量测纵横两个方向的中心线位置，取其中较大值
	洞口尺寸、深度	±5	用尺量测纵横两个方向的中心线位置，取其中较大值
预留插筋	中心线位置偏移	3	用尺量测纵横两个方向的中心线位置，取其中较大值
	外露长度	±5	用尺量
吊环、木砖	中心线位置偏移	10	用尺量测纵横两个方向的中心线位置，取其中较大值
	与构件表面混凝土高差	-10	用尺量

	预制墙板类构件预埋件允许偏差		
	检查项目	允许偏差（mm）	检验方法
键槽	中心线位置偏移	5	用尺量测纵横两个方向的中心线位置，取其中较大值
	长度、宽度	±5	用尺量
	深度	±5	用尺量
灌浆套筒及连接钢筋	灌浆套筒中心线位置	2	用尺量测纵横两个方向的中心线位置，取其中较大值
	连接钢筋中心线位置	2	用尺量测纵横两个方向的中心线位置，取其中较大值
	连接钢筋外露长度	10，0	用尺量

检查数量：对同类构件，按同日进场数量的5%且不少于5件抽查，少于5件则全数检查。

检验方法：观察、尺量；检查产品合格证。

5）构件尺寸偏差

预制构件尺寸允许偏差及质量检验方法应符合表4-1-5的规定。

检查数量：按照进场检验批，同一规格（品种）的构件每次抽检数量不应少于该规格（品种）数量的5%且不少于3件。

预制构件尺寸允许偏差及质量检验方法　　　　表 4-1-5

项目			允许偏差（mm）	检查方法
长度	板、梁、柱、桁架	＜12m	±5	尺量检查
		≥12m且＜18m	±10	
		≥18m	±20	
宽度、高（厚）度	板、梁、柱、桁架截面尺寸		±5	钢尺量一端及中部，取其中偏差绝对值较大处
	墙板的高度、厚度		±3	
表面平整度	板、梁、柱、墙板内表面		5	2m靠尺和塞尺检查
	墙板外表面		3	
侧向弯曲	板、梁、柱		$L/750$ 且 ≤20	拉线、钢尺量最大侧向弯曲
	墙板、桁架		$L/1000$ 且 ≤20	
翘曲	板		$L/750$	调平尺在两端量测
	墙板		$L/1000$	
对角线差	板		10	钢尺量两个对角线
	墙板、门窗口		5	
挠度变形	梁、板、桁架设计起拱		±10	拉线、钢尺量最大弯曲处
	梁、板、桁架下垂		0	
门窗口	中心线位置		5	尺量检查
	宽度、高度		±3	

注：此表出自《装配式混凝土建筑技术标准》GB/T 51231—2016。L 为模具与混凝土接触面中最长边的尺寸。

6）预制装饰构件外观尺寸

预制装饰构件的装饰外观尺寸偏差和检验方法应符合设计要求。

检查数量：按照进场检验批，同一规格（品种）的构件每次抽检数量不应少于该规格（品种）数量的 10% 且不少于 5 件。

3. 安装及灌装材料进场验收

装配式建筑施工前，主要验收影响结构和施工安全的安装及灌浆材料，如灌浆料、坐浆料、平台连接件、五金件、钢筋、混凝土、支撑体系及现场用连接套筒等。其重点检查内容包括以下几方面：

① 检查灌浆料、坐浆料等原材料：产品合格证、物理性能检测报告和保质期等。常温型套筒灌浆料技术性能参数见表 4-1-6；低温型套筒灌浆料技术性能参数见表 4-1-7；坐浆料性能参数尚无统一标准，根据大量的工程实践，坐浆料性能参数可参考 4-1-8。

常温型套筒灌浆料技术性能参数 表 4-1-6

检测项目		性能指标
流动度（mm）	初始	≥ 300
	30min	≥ 260
抗压强度（MPa）	1d	≥ 35
	3d	≥ 60
	28d	≥ 85
竖向膨胀率（%）	3h	0.02～2
	3～24h 差值	0.02～0.4
28d 自干燥收缩（%）		≤ 0.045
氯离子含量（%）		≤ 0.03
泌水率（%）		0

注： 1. 此表出自《钢筋连接用套筒灌浆料》JG/T 408—2019。
2. 氯离子含量以灌浆料总量为基础。

低温型套筒灌浆料技术性能参数 表 4-1-7

检测项目		性能指标
-5℃流动度（mm）	初始	≥ 300
	30min	≥ 260
8℃流动度（mm）	初始	≥ 300
	30min	≥ 260
抗压强度（MPa）	-1d	≥ 35
	-3d	≥ 60
	-7d+21d	≥ 85
竖向膨胀率（%）	3h	0.02～2
	3～24h 差值	0.02～0.40

检测项目	性能指标
28d 自干燥收缩（％）	≤ 0.045
氯离子含量（％）	≤ 0.03
泌水率（％）	0

注： 1. 此表出自《钢筋连接用套筒灌浆料》JG/T408—2019。
　　 2. 氯离子含量以灌浆料总量为基础。
　　 3. –1d 代表在负温养护 1d，–3d 代表在负温养护 3d，–7d+21d 代表在负温养护 7d 转标准养护 21d。

坐浆料性能参数　　　　　　　　　　　　　　　　　　表 4-1-8

项目	技术指标	试验标准
胶砂流动度（mm）	130～170	《水泥胶砂流动度测定方法》GB/T 2419
抗压强度（MPa）	1d ≥ 30	《水泥胶砂强度检验方法（ISO 法）》GB/T 17671
	28d ≥ 50	

② 检查外墙操作平台连接件：产品合格证、物理性能检测报告和连接性能检验报告。

③ 检查五金件、垫片、螺栓和螺母：产品合格证、物理性能检测报告、外观检查（有无损坏、变形、严重锈蚀等）。

④ 检查胶条：产品合格证，物理性能检测报告及外观检查，有无破损、开裂、老化等。

⑤ 检查后浇混凝土部分的钢筋：产品合格证，复试报告及外观检查，有无颜色异常、锈蚀严重、规格实测超标、表面裂纹等。

⑥ 检查后浇部分的混凝土：强度等级、首次报告、配合比，现场抽测混凝土坍落度。

⑦ 检查支撑体系及支撑预埋件：产品合格证、物理性能检测报告、外观检查（有无损坏、变形、严重锈蚀等）。

⑧ 检查钢筋连接套筒：产品合格证、物理性能检验报告、套筒灌浆试验报告等。

4.2 预制构件安装质量验收

1. 构件连接安装验收要点

根据《混凝土结构工程施工质量验收规范》GB 50204—2015，预制构件的安装与连接质量的检查验收工作包含主控项目及一般项目，其中主控项目有预制构件的临时固定措施、专项施工方案、混凝土的强度、灌浆的质量、灌浆料的质量，以及防水施工的质量等；一般项目主要有质量检查检验方法及装配式混凝土建筑外观饰面施工质量。

（1）主控项目

① 预制构件吊装前应按设计要求，在构件和相应的支承结构上标识中心线、标高等，控制尺寸按标准图或设计文件校核预埋件及连接钢筋等并做出标识。

检查数量：全数检查。

检验方法：观察，钢尺检查。

② 预制构件应按规范或设计的要求吊装，起吊时绳索与构件水平的夹角不应小于

45°，否则应采用吊架或经验算确定。构件现场吊装见图 4-2-1。

图 4-2-1　构件现场吊装

检查数量：全数检查。

检验方法：观察检查。

③ 预制构件安装就位后，应采取保证构件稳定的临时固定措施，并应根据水准点和轴线校正位置，临时固定措施应符合设计、专项施工方案要求及国家现行有关标准的规定。预制构件临时支撑见图 4-2-2。

图 4-2-2　预制构件临时支撑

检查数量：全数检查。

检验方法：观察、钢尺检查，检查施工方案、施工记录或设计文件。

④ 装配式结构采用后浇混凝土连接时，预制构件连接处后浇混凝土的强度应符合设计要求。

检查数量：按批检验。

检验方法：应符合现行国家标准《混凝土强度检验评定标准》GB/T 50107 的有关规定。

⑤钢筋采用套筒灌浆连接、浆锚搭接连接时，灌浆应饱满、密实，所有出口均应出浆。灌浆套筒灌浆现场见图4-2-3。

图 4-2-3 灌浆套筒灌浆现场

检查数量：全数检查。

检验方法：检查灌浆施工质量检查记录、有关检验报告。

⑥钢筋套筒灌浆连接及浆锚搭接连接用的灌浆料强度应符合现行国家有关标准的规定及设计要求。

检查数量：按批检验，以每层为一检验批；每工作班应制作1组且每层不应少于3组40mm×40mm×160mm的长方体试件，标准养护28d后进行抗压强度试验。

检验方法：检查灌浆料强度试验报告及评定记录。

⑦预制构件底部接缝坐浆强度应满足设计要求。

检查数量：按批检验，以每层为一检验批；每工作班同一配合比应制作1组且每层不应少于3组边长为70.7mm的立方体试件，标准养护28d后进行抗压强度试验。

检验方法：检查坐浆料强度试验报告及评定记录。

⑧钢筋采用机械连接时，其接头质量应符合现行行业标准《钢筋机械连接技术规程》JGJ 107的有关规定。

检查数量：应符合现行行业标准《钢筋机械连接技术规程》JGJ 107的有关规定。

检验方法：检查钢筋机械连接施工记录及平行试件的强度试验报告。

⑨钢筋采用焊接连接时，其焊缝的接头质量应满足设计要求，并应符合现行行业标准《钢筋焊接及验收规程》JGJ 18的有关规定。

检查数量：应符合现行行业标准《钢筋焊接及验收规程》JGJ 18的有关规定。

检验方法：检查钢筋焊接接头检验批质量验收记录。

⑩预制构件采用焊接连接时，钢材焊接的焊缝尺寸应满足设计要求，焊缝质量应符合现行国家标准《钢结构焊接规范》GB 50661和《钢结构工程施工质量验收标准》GB 50205的有关规定。

检查数量：全数检查。

检验方法：按现行国家标准《钢结构工程施工质量验收标准》GB 50205 的要求进行。

⑪ 预制构件采用螺栓连接时，螺栓的材质、规格、拧紧力矩应符合设计要求及现行国家标准《钢结构设计标准》GB 50017 和《钢结构工程施工质量验收标准》GB 50205 的有关规定。

检查数量：全数检查。

检验方法：按现行国家标准《钢结构工程施工质量验收标准》GB 50205 的要求进行。

⑫ 装配式结构分项工程的外观质量不应有严重缺陷，且不得有影响结构性能和使用功能的尺寸偏差。

检查数量：全数检查。

检验方法：观察、测量；检查处理记录。

⑬ 外墙板接缝的防水性能应符合设计要求。

检验数量：按批检验。每 1000m² 外墙（含窗）面积应划分为一个检验批，不足 1000m² 时也应划分为一个检验批；每个检验批应至少抽查一处，抽查部位应为相邻两层 4 块墙板形成的水平和竖向十字接缝区域，面积不得少于 10m²。

检验方法：检查现场淋水试验报告。

（2）一般项目

① 装配式结构分项工程的施工尺寸偏差及检验方法应符合设计要求；当设计无要求时，应符合表 4-2-1 预制构件安装尺寸的允许偏差及检验方法的要求。

预制构件安装尺寸的允许偏差及检验方法　　　　　　　表 4-2-1

项目			允许偏差（mm）	检验方法
构件轴线位置	竖向构件（柱、墙板、桁架）		8	经纬仪及尺量
	水平构件（梁、楼板）		5	
标高	梁、柱、墙板 楼板底面或顶面		±5	水准仪或拉线、尺量
构件垂直度	柱、墙板安装后的高度	≤6m	5	经纬仪或吊线、尺量
		>6m	10	
构件倾斜度	梁、桁架		5	经纬仪或吊线、尺量
相邻构件平整度	梁、楼板底面	外露	3	2m 靠尺和塞尺测量
		不外露	5	
	柱、墙板	外露	5	
		不外露	8	
构件搁置长度	梁、板		±10	尺量
支座、支垫中心位置	板、梁、柱、墙板、桁架		10	尺量
墙板接缝宽度			±5	尺量

检查数量：按楼层、结构缝或施工段划分检验批。同一检验批内，对梁、柱，应抽查构件数量的 10%，且不少于 3 件；对墙和板，应按有代表性的自然间抽查 10%，且不少 3 间；对大空间结构，墙可按相邻轴线间高度 5m 左右划分检查面，板可按纵、横轴线划分

检查面，抽查 10%，且均不少于 3 面。

② 装配式混凝土建筑的饰面外观质量应符合设计要求，并应符合现行国家标准《建筑装饰装修工程质量验收标准》GB 50210 的有关规定。

检查数量：全数检查。

检验方法：观察、对比量测。

4.3 预制构件连接质量验收

1. 预制构件现浇连接质量验收

（1）一般规定

① 装配式混凝土结构的外观质量除设计有专门的规定外，尚应符合现行国家标准《混凝土结构工程施工质量验收规范》GB 50204 中有关现浇混凝土结构的规定。

② 预制构件连接部位后浇混凝土及灌浆料的强度达到设计要求后，方可拆除临时固定措施。

（2）质量验收

① 后浇混凝土强度应符合设计要求。

检查数量：按批检验，检验批应符合以下要求：

A. 预制构件结合面疏松部分的混凝土应剔除并清理干净。

B. 模板应保证后浇混凝土部分形状、尺寸和位置准确，并应防止漏浆。

C. 在浇筑混凝土前应洒水润湿结合面，混凝土应振捣密实。

D. 同一配合比的混凝土，每工作班且建筑面积不超过 1000m² 应制作 1 组标准养护试件，同一楼层应制作不少于 3 组标准养护试件。

检验方法：按现行国家标准《混凝土强度检验评定标准》GB/T 50107 的要求进行。

② 承受内力的接头和拼缝，当其混凝土强度未达到设计要求时，不得吊装上一层结构构件，当设计无具体要求时，应在混凝土强度不小于 10N/mm² 或具有足够的支承时方可吊装上一层结构构件，已安装完毕的装配式混凝土结构应在混凝土强度到达设计要求后，方可承受全部设计荷载。

检查数量：全数检查。

检验方法：检查施工记录及试件强度试验报告。

2. 机械连接质量验收

（1）一般规定

预制构件受力钢筋的套筒灌浆连接接头应采用同一供应商配套提供，并由专业工厂生产的灌浆套筒和灌浆料，其性能应满足现行行业标准《钢筋机械连接技术规程》JGJ 107 中 I 级接头的要求，并应满足国家现行相关标准的要求。

（2）质量验收

钢筋采用机械连接时，其接头质量应符合现行国家标准《钢筋机械连接技术规程》JGJ 107 的要求。

检查数量：按现行行业标准《钢筋机械连接技术规程》JGJ 107 的规定确定。

检验方法：检查钢筋机械连接施工记录及平行加工试件的强度试验报告。

3. 灌浆连接质量验收

（1）一般规定

① 钢筋套筒灌浆连接接头采用的套筒应符合现行行业标准《钢筋连接用灌浆套筒》JG/T 398 的规定。

② 钢筋套筒灌浆连接接头采用的灌浆料应符合现行行业标准《钢筋连接用套筒灌浆料》JG/T 408 的规定。

（2）质量验收

① 钢筋套筒灌浆连接及浆锚搭接连接的灌浆应密实饱满。

检查数量：全数检查。

检验方法：检查灌浆施工质量检查记录。

② 钢筋套筒灌浆连接及浆锚搭接连接用的灌浆料强度应满足设计要求。

检查数量：按批检验，以每层为一检验批；每工作班应制作一组且每层不应少于 3 组 40mm×40mm×160mm 长方体试件，标准养护 28d 后进行抗压强度试验。

检验方法：检查灌浆料强度试验报告及评定记录。

4.4 预制构件接缝质量验收

1. 一般规定

装配式混凝土结构的墙板接缝防水施工质量是保证装配式外墙防水性能的关键，施工时应按设计要求进行选材和施工，并采取严格的检验验证措施。

2. 质量验收

① 预制构件外墙板连接板缝的防水止水条，其品种、规格、性能等应符合现行国家产品标准和设计要求。

检查数量：全数检查。

检验方法：检查产品的质量合格证明文件、检验报告和隐蔽验收记录。

② 现场淋水试验应满足下列要求：淋水流量不应小于 5L/（m·min），淋水试验时间不应小于 2h，检测区域不应有遗漏部位，淋水试验结束后，检查背水面有无渗漏。

3. 其他

装配式混凝土建筑工程应按混凝土结构子分部的分项工程进行验收；装配式混凝土建筑工程验收除应符合本章节规定外，尚应符合现行国家标准《混凝土结构工程施工质量验收规范》GB 50204 的有关规定。

装配式混凝土建筑工程验收时，除应按现行国家标准《混凝土结构工程施工质量验收规范》GB 50204 的要求提供文件和记录外，尚应提供下列文件和记录：

① 工程设计文件、预制构件制作和安装的深化设计图。

② 预制构件、主要材料及配件的质量证明文件、进场验收记录、抽样复验报告。

③ 预制构件安装施工记录。

④ 钢筋套筒灌浆、浆锚搭接连接的施工检验记录。

⑤ 后浇混凝土部位的隐蔽工程检查验收文件。

⑥ 后浇混凝土、灌浆料、坐浆料强度检测报告。

⑦ 外墙防水施工质量检验记录。

⑧ 装配式混凝土建筑工程分项工程质量验收文件。

⑨ 装配式混凝土建筑工程的重大质量问题的处理方案和验收记录。

⑩ 装配式混凝土建筑工程的其他文件和记录。

4.5 装配式住宅建筑质量检测

住房城乡建设部 2019 年 11 月 15 日发布公告，批准《装配式住宅建筑检测技术标准》JGJ/T 485—2015 为行业标准，自 2020 年 6 月 1 日起实施。标准涵盖了装配式钢结构检测、装配式混凝土结构检测、装配式木结构检测以及外围护系统检测等。标准的发布促进了装配式建筑的发展，保证了装配式住宅建筑工程质量，规范了装配式住宅建筑的检测方法，同时提升了检测结果的可靠性，新建装配式住宅建筑在工程施工与竣工验收阶段均可依据相关条款进行检测。本节主要介绍装配式混凝土建筑的相关质量检测知识。

1. 基本规定

（1）一般要求

装配式住宅建筑检测应包括结构系统、外围护系统、设备与管线系统、装饰装修系统等内容。首先，在工程施工阶段，应对装配式住宅建筑的部品部件及连接等进行现场检测，检测工作应结合施工组织设计分阶段进行，从正式施工开始至首层装配式结构施工结束宜作为检测工作的第一阶段，对各阶段检测发现的问题应及时整改。另外，工程施工和竣工验收阶段，当遇到下列情况之一时，应进行现场补充检测。

① 涉及主体结构工程质量的材料、构件以及连接的检验数量不足。

② 材料与部品部件的驻厂检验或进场检验缺失，或对其检验结果存在争议。

③ 对施工质量的抽样检测结果达不到设计要求或施工验收规范要求。

④ 对施工质量有争议。

⑤ 发生工程质量事故，需要分析事故原因。

（2）检测前相关准备

第一阶段检测前应做好相关的准备工作，首先应进行现场调查工作，在此基础上根据检测目的、检测项目、建筑特点和现场具体条件等因素制定检测方案。其中现场调查应包括下列内容：

① 收集被检测装配式住宅建筑的设计文件、施工文件和岩土工程勘察报告等资料。

② 场地和环境条件。

③ 被检测装配式住宅建筑的施工状况。

④ 预制部品部件的生产制作状况。

（3）住宅检测相关要求

① 在进行检测方案编制时，其内容应包括工程概况、检测目的或委托方检测要求、检测依据、检测项目、检测方法和检测数量、检测人员和仪器设备、检测工作进度计划、需要现场配合的工作、安全措施、环保措施。

② 装配式住宅建筑的现场检测可采用全数检测和抽样检测两种检测方式，当遇到外观缺陷或表面损伤的检查、受检范围较小或构件数量较少、检测指标或参数变异性大，以及构件质量状况差异较大等情况时宜采用全数检测方式。

③ 检测结束后，应修补检测造成的结构局部损伤，修补后的结构或构件的承载能力不应低于检测前承载能力。

④ 每一阶段检测结束后应提供阶段性检测报告，检测工作全部结束后应提供项目检测报告；检测报告应包括工程概况、检测依据、检测目的、检测项目、检测方法、检测仪器、检测数据和检测结论等内容。

2. 常见检测方法

（1）预制构件结合面粗糙度检测方法

预制构件的粗糙面或键槽成型的质量应满足设计要求，根据现行行业规程《装配式混凝土结构技术规程》JGJ 1 的要求，粗糙面的面积不宜小于结合面面积的 80%，预制板的粗糙面凹凸深度不应小于 4mm，预制梁端、预制柱端、预制墙端的粗糙面凹凸深度不应小于 6mm。因此，应对预制构件的粗糙面进行检测，检测工具及方法如下：

1）检测仪器、辅助工具及材料

① 测深尺可用数显深度尺或数显游标卡尺，测深尺量程不宜小于 15mm，最小分辨率单位应为 0.01mm。

② 透明多孔基准板宜为硬质塑料板，厚度应为 5.0±0.1mm，孔径应为 3.0±0.1mm，孔距应为 10.0±0.5mm。预制混凝土构件结合面的粗糙度检测前应检查检测仪器状态，并应记录工程名称、楼号、楼层、构件编号、检测人员信息等。

2）粗糙面的测区数量及划分

① 预制混凝土构件结合面的粗糙度测区应为长方形，并避开有明显凸出棱角的区域。

② 对预制混凝土叠合楼板、预制混凝土叠合梁、预制混凝土叠合墙板，测区数量不应少于 8 个，每个测区面积宜为 0.020～0.050m²，相邻两测区中心间距对楼板和梁不宜小于粗糙面长边的 1/12、对墙板不宜小于粗糙面长边的 1/6。

③ 对预制混凝土梁端、预制混凝土柱端，测区数量不应少于 2 个，每个测区面积宜为 0.005～0.030m²，相邻两测区中心间距不宜小于粗糙面长边的 1/2。

④ 对预制混凝土墙端，测区数量不应少于 4 个，每个测区面积宜为 0.005～0.030m²，相邻两测区中心间距不宜小于粗糙面长边的 1/6。

⑤ 当透明多孔基准板位于测区中心时，测区边缘到透明多孔基准板相应边缘的距离不应小于 1 倍透明多孔基准板孔距。

3）结合面粗糙度检测

预制混凝土构件结合面粗糙度检测示意，如图 4-5-1 所示。检测时应符合下列规定：

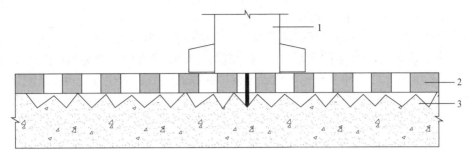

图 4-5-1　预制混凝土构件结合面粗糙度检测示意图
1—测深尺（局部）；2—透明多孔基准板；3—预制混凝土构件的粗糙面

　　① 透明多孔基准板应紧贴测区内预制构件粗糙面，测深尺的测量面应紧贴透明多孔基准板表面，测深尺与透明多孔基准板应保持垂直。

　　② 测深尺的探针应穿过透明多孔基准板的孔洞测量凹面最低点深度，凹凸深度应为测深尺的读数与透明多孔基准板厚度的差值。

　　③ 在对每个测区进行测量时，透明多孔基准板应设置于凹面较为集中的区域。

　　④ 每个测区内测得的不同位置的凹凸深度数据不应少于 16 个，剔除 3 个最大值和 3 个最小值后的数据可视为有效凹凸深度数据。

（2）预埋传感器法

　　预埋传感器法是利用振动衰减原理，检测装配式混凝土结构钢筋套筒灌浆饱满性的方法。传感器周围介质特性与其振动衰减规律直接相关，在空气、流体灌浆料、固化灌浆料三种不同介质中，振动能量衰减规律截然不同。不同介质中的振动能量衰减对比，如图 4-5-2 所示，适用于监测灌浆施工过程，以及后期的节点灌浆饱满度质量检测。

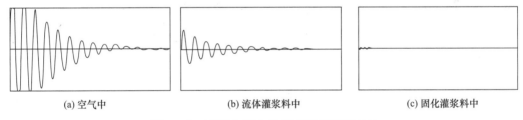

(a) 空气中　　　　　　　(b) 流体灌浆料中　　　　　　(c) 固化灌浆料中

图 4-5-2　不同介质中的振动能量衰减对比

　　1）检测仪器、辅助工具及材料

　　① 灌浆饱满度检测仪幅值线性度应满足每 10.0dB 优于 ±1.0dB 的要求，频带宽度应为 10～100kHz。

　　② 传感器宜采用阻尼振动传感器，如图 4-5-3 所示，其端头核心元件直径不应大于 10.0mm，与端头核心元件相连的钢丝直径应为 2.0～3.0mm。

　　③ 传感器和橡胶塞应集成设计，橡胶塞上钢丝穿过孔的孔径应与钢丝直径相

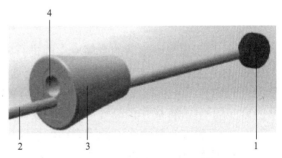

图 4-5-3　阻尼振动传感器示意图
1—端头核心元件；2—钢丝（一端与端头核心元件相连，另一端与灌浆饱满度检测仪相连）；3—橡胶塞；4—排气孔

同，排气孔的孔径不应小于 3.0mm。

2）采用预埋传感器法检测套筒灌浆饱满度时应符合下列规定：

① 传感器应设置于套筒的出浆口，钢丝应与钢筋连接方向保持垂直；对于全灌浆套筒连接，端头核心元件应伸至套筒内靠近出浆口一侧的钢筋表面位置；对于半灌浆套筒连接，端头核心元件应伸至套筒内靠近远端套筒内壁位置。

② 传感器就位时，自带橡胶塞的排气孔应位于正上方；橡胶塞应在出浆口紧固到位，出浆时不应被冲出；橡胶塞上的排气孔应保持畅通。

③ 灌浆过程中，可将灌浆饱满度检测仪与传感器相连，实时监测传感器的波形和振动能量值；灌浆结束 5min 后，再次通过灌浆饱满度检测仪检测传感器的波形和振动能量值，并做好记录。

④ 灌浆饱满度检测前应检查检测仪器状态，并应记录工程名称、楼号、楼层、套筒所在构件编号、套筒具体位置、检测人员信息等。

⑤ 预埋传感器法可用于套筒单独灌浆和连通腔灌浆等方式的灌浆饱满度检测；当采用连通腔灌浆方式时，应符合下列规定：

A. 宜选择中间套筒的灌浆口作为连通腔灌浆口，距离灌浆口最远的套筒宜预埋传感器，其他套筒的灌浆口和没有预埋传感器的套筒的出浆口出浆时应及时进行封堵。

B. 对于预埋传感器的套筒，当传感器自带橡胶塞的排气孔有灌浆料流出时应采用细木棒封堵排气孔。

C. 连通腔灌浆口应在灌浆完成后迅速封堵。

⑥ 套筒灌浆饱满度应根据灌浆饱满度检测仪输出的波形和振动能量值判断，灌浆饱满判断的阈值宜根据平行试件模拟漏浆后测得的能量值确定，且不宜大于 150。灌浆饱满度波形示意图，如图 4-5-4 所示。

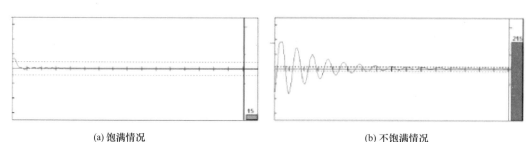

(a) 饱满情况　　　　　　　　　　　　　　　　(b) 不饱满情况

图 4-5-4　灌浆饱满度波形示意图

⑦ 对判断灌浆不饱满的套筒应立即进行补灌处理，并应符合下列规定：

A. 对连通腔灌浆方式，宜优先从原连通腔灌浆口进行补灌；从原连通腔灌浆口补灌效果不佳时，可从不饱满套筒的灌浆口进行补灌。

B. 对于单独灌浆方式，可从不饱满套筒的灌浆口进行补灌。

C. 补灌后应对原灌浆不饱满套筒的灌浆饱满度进行复测，直至灌浆饱满。

（3）预埋钢丝拉拔法

预埋钢丝拉拔法是指灌浆前在套筒出浆口预埋高强钢丝，待灌浆料养护一定时间后，对预埋钢丝进行拉拔，通过拉拔荷载值判断灌浆饱满程度。预埋钢丝拉拔法所用高强钢丝可重复使用，是一种简单、实用、经济的检测套筒灌浆饱满度的方法，可在实际工程中推广应用。以下介绍预埋钢丝拉拔法的检测方法。

1）检测仪器、辅助工具及材料

检测仪器、辅助工具及材料应符合下列规定：

① 拉拔仪量程不宜小于10kN，最小分辨率单位不应大于0.01kN。

② 预埋钢丝示意图，如图4-5-5所示，应采用光圆高强不锈钢钢丝，抗拉强度不应低于600MPa，直径应为5.0mm±0.1mm，端头锚固长度应为30.0mm±0.5mm。

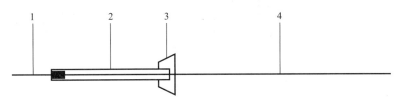

图 4-5-5　预埋钢丝示意图
1—钢丝锚固段；2—钢丝隔离段；3—橡胶塞；4—钢丝拉拔段

③ 钢丝和橡胶塞应集成设计，橡胶塞上钢丝穿过孔的孔径应与钢丝直径相同。

④ 钢丝在锚固段与橡胶塞之间的部分应与灌浆料浆体有效隔离。

2）预埋钢丝拉拔法检测要求

① 灌浆饱满度检测前应检查检测仪器状态，并应记录工程名称、楼号、楼层、套筒所在构件编号、套筒具体位置、检测人员信息等。

② 采用预埋钢丝拉拔法检测套筒灌浆饱满度时应符合下列规定：

A. 钢丝应设置于套筒的出浆孔，并与钢筋连接方向保持垂直，其端部应到达套筒内靠近出浆孔一侧的钢筋表面位置；钢丝有效隔离长度和橡胶塞在钢丝上的位置，应根据套筒出浆口与套筒内靠近出浆孔一侧的钢筋表面的垂直净距确定。

B. 橡胶塞与出浆口之间应留有一定空隙，当出浆口出浆时，应及时用橡胶塞封堵出浆口。

C. 套筒灌浆后应做好现场防护工作，预埋钢丝不应被损坏，预埋钢丝实施拉拔时的灌浆料自然养护时间不应少于3d。

D. 拉拔时，拉拔仪应与预埋钢丝对中连接，拉拔荷载应连续均匀施加，速度应控制在0.15～0.50kN/s；钢丝被完全拔出后，应记录极限拉拔荷载值，数值应精确至0.1kN。

③ 预埋钢丝拉拔法可用于套筒单独灌浆和连通腔灌浆等方式的灌浆饱满度检测；当采用连通腔灌浆方式时，应符合下列规定：

A. 宜选择中间套筒的灌浆口作为连通腔灌浆口，距离灌浆口最远的套筒宜预埋钢丝；其他套筒的灌浆口和没有预埋钢丝的套筒的出浆口出浆时应及时进行封堵。

B. 对于预埋钢丝的套筒，当出浆口出浆时用钢丝自带橡胶塞封堵出浆口。

C. 连通腔灌浆口应在灌浆完成后迅速封堵。

（4）X射线成像法

便携X射线检测，是将胶片粘贴在墙体一侧，胶片能够完全覆盖被测套筒，将便携式X射线探伤仪放置在墙体另一侧，射线源正对同一被测套筒，调整射线源到胶片的距离与射线机焦距相同。通过胶片成像观片灯观测套筒灌浆质量。X射线成像检测设备，如图4-5-6所示。

(a) X射线机 　　　　　　(b) 平板探测器 　　　　　　(c) 控制箱

图4-5-6　X射线成像检测设备

1）检测仪器、辅助工具及材料

①采用便携式X射线探伤仪时，检测及防护要求应符合国家现行有关标准的规定。

②便携式X射线探伤仪的最大管电压不宜低于300kV，控制器最长延迟开启时间不应低于90s。

③射线胶片成像法现场检测宜在灌浆完成7d后进行。

④检测前应检查检测仪器状态，并应记录工程名称、楼号、楼层、套筒所在构件编号、套筒具体位置、检测人员信息等。

2）检测注意事项

采用X射线成像法检测套筒灌浆饱满度时，应符合下列规定：

①图像接收装置和便携式X射线探伤仪应分别设置于预制构件的相对两侧，采用X射线成像法检测套筒灌浆饱满度示意图，如图4-5-7所示，图像接收装置应与预制构件紧贴。

②便携式X射线探伤仪的射线源应正对被测套筒，射线源与图像接收装置的距离应满足测试要求。

③控制器与便携式X射线探伤仪之间的连接线长度应满足安全要求，管电压、管电流和曝光时间等参数应预先通过试验确定。

④控制器的延迟开启时间，应满足检测人员安全撤离要求，曝光完成后，控制器应能自动停止测量。

⑤检测完成后，应对检测结果进行评定，必要时可采用局部破损法对检测结果进行校核。

采用X射线成像法检测时应设置控制区和监督区边界，并设置安全警戒措施，对辐射现场进行清场，确信场内无其他人员且各种辐射安全措施到位后，连接好X射线机控制部件。X射线成像法检测现场实拍如图4-5-8所示。

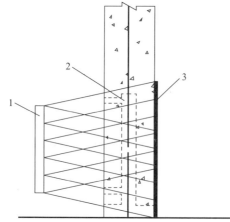

图4-5-7　采用X射线成像法检测套筒灌浆饱满度示意图
1—X射线机；2—套筒；3—图像接收装置

图 4-5-8　X射线成像法检测现场实拍

3. 检测内容

（1）原材料检测

对装配式住宅建筑中所使用钢筋进行检测时，应严格按照现行国家标准《混凝土结构工程施工质量验收规范》GB 50204 和《混凝土结构现场检测技术标准》GB/T 50784 的有关规定。

装配式混凝土结构后浇混凝土施工完成后，当预留混凝土试块的抗压强度不合格时，应按现行国家标准《混凝土结构现场检测技术标准》GB/T 50784 进行后浇混凝土的现场检测，对混凝土检测宜包括力学性能、长期性能和耐久性能、有害物质含量及其作用效应等项目，检测方法应符合现行国家标准《混凝土结构现场检测技术标准》GB/T 50784 的规定。

（2）连接材料检测

① 灌浆料抗压强度检测应在施工现场制作平行试件，且套筒灌浆料抗压强度检测应符合现行行业标准《钢筋连接用套筒灌浆料》JG/T 408 的规定，浆锚搭接灌浆料抗压强度检测应符合现行国家标准《水泥基灌浆材料应用技术规范》GB/T 50448 的规定。

② 对于现场施工所采用的坐浆料，应对其进行抗压强度检测，送检的平行试件应在施工现场制作，并应符合现行行业标准《建筑砂浆基本性能试验方法标准》JGJ/T 70 的规定。

③ 对于预制梁、柱等使用钢筋锚固板的部位，应对钢筋锚固板进行检测，检测内容和方法应符合现行行业标准《钢筋锚固板应用技术规程》JGJ 256 的规定。

④ 紧固件和焊接材料的检测内容和方法应符合现行国家标准《钢结构工程施工质量验收标准》GB 50205 的规定。

（3）预制构件检测

构件进场除对相关质量资料进行检查外，还应对预制构件进行现场检测，具体检测内容包含以下项目：

① 进场时的检测项目应包括外观缺陷、内部缺陷、尺寸偏差与变形，必要时可进行结构性能检测。

A. 预制构件的尺寸偏差与变形检测应包括截面尺寸及偏差、挠度等内容，检测数量及方法应符合现行国家标准《装配式混凝土建筑技术标准》GB/T 51231 和《混凝土结构工程施工质量验收规范》GB 50204 的规定。

B. 预制构件的结构性能检测应符合现行国家标准《混凝土结构工程施工质量验收规范》GB 50204、《装配式混凝土建筑技术标准》GB/T 51231 和《混凝土结构现场检测技术标准》GB/T 50784 的规定。对进场时受检的预制构件，当不做结构性能检测且施工单位或监理单位无代表驻厂监督生产过程时，应对其主要受力钢筋数量、钢筋间距、保护层厚度及混凝土强度等进行实体检测。

C. 受检范围内构件外观缺陷宜进行全数检查，当不具备全数检查条件时，应注明未检查的构件或区域，并应说明原因。

② 对于预制构件安装施工后的外观缺陷、内部缺陷、位置与尺寸偏差、变形等项目进行检测。

③ 外观缺陷检测应包括露筋、孔洞、夹渣、蜂窝、疏松、裂缝、连接部位缺陷、外形缺陷、外表缺陷等内容，且应使用正确的检测方法。缺陷及对应的检测方法可参照以下内容：

A. 露筋长度可采用直尺或卷尺量测。

B. 孔洞深度可采用直尺或卷尺量测，孔洞直径可采用游标卡尺量测。

C. 夹渣深度可采用剔凿法或超声法检测。

D. 蜂窝和疏松的位置及范围可采用直尺或卷尺量测，当委托方有要求时，蜂窝深度量测可采用剔凿、成孔等方法。

E. 表面裂缝的最大宽度可采用裂缝专用测量仪器量测，表面裂缝长度可采用直尺或卷尺量测；裂缝深度，可采用超声法检测，必要时可钻取芯样进行验证。

F. 连接部位缺陷可采用观察或剔凿法检测。

G. 外形缺陷和外表缺陷的位置和范围可采用直尺或卷尺测量。

④ 对于内部缺陷检测应包括内部不密实区、裂缝深度等内容，宜采用超声法双面对测，当仅有一个可测面时，可采用冲击回波法或电磁波反射法进行检测，对于判别困难的区域，应进行钻芯或剔凿验证；具体检测方法应符合现行国家标准《混凝土结构现场检测技术标准》GB/T 50784 的规定。

⑤ 对怀疑存在内部缺陷的构件或区域宜进行全数检测，当不具备全数检测条件时，可根据约定抽样原则，选择重要的构件或部位、外观缺陷严重的构件或部位进行检测。

⑥ 预制构件上的预埋件、预留插筋、预留孔洞、预埋管线检测应符合现行国家标准《混凝土结构工程施工质量验收规范》GB 50204 和《装配式混凝土建筑技术标准》GB/T 51231 的规定。

⑦ 对于现浇部分检测应包括外露钢筋尺寸偏差，现浇结合面的粗糙度和平整度，键槽尺寸、间距和位置等内容，且宜进行全数检查；当不具备全数检查条件时，应注明未检查的构件或区域，并应说明原因；外露钢筋尺寸偏差可采用直尺或卷尺量测，现浇结合面的粗糙度可按《装配式住宅建筑检测技术标准》JGJ/T 485－2019 中附录 A 的相关方法进行检测，粗糙面积可采用直尺或卷尺量测，现浇结合面的平整度可采用靠尺和塞尺量测，键槽尺寸、间距和位置可采用直尺量测。

⑧ 结构构件安装施工后的位置与尺寸偏差检测数量应符合现行国家标准《混凝土结构工程施工质量验收规范》GB 50204 的规定，检测方法宜符合下列规定：

A. 构件中心线对轴线的位置偏差可采用直尺量测。

B. 构件标高可采用水准仪或拉线法量测。

C. 构件垂直度可采用经纬仪或全站仪量测。

D. 构件倾斜率可采用经纬仪、激光准直仪或吊锤法量测。

E. 构件挠度可采用水准仪或拉线法量测。

F. 相邻构件平整度可采用靠尺和塞尺量测。

G. 构件搁置长度可采用直尺量测。

H. 支座、支垫中心位置可采用直尺量测。

I. 墙板接缝宽度和中心线位置可采用直尺量测。

⑨ 构件安装施工后的挠度检测宜对受检范围内存在挠度变形的构件进行全数检测，当不具备全数检测条件时，可根据约定抽样原则选择下列构件进行检测：

A. 重要的构件。

B. 跨度较大的构件。

C. 外观质量差或损伤严重的构件。

D. 变形较大的构件。

⑩ 预制构件安装施工后的裂缝检测宜对受检范围内存在裂缝的构件进行全数检测，当不具备全数检测条件时，可根据约定抽样原则选择下列构件进行检测：

A. 重要的构件。

B. 裂缝较多或裂缝宽度较大的构件。

C. 存在变形的构件。

⑪ 预制构件安装施工后的倾斜检测宜对受检范围内存在倾斜变形的构件进行全数检测，当不具备全数检测条件时，可根据约定抽样原则选择下列构件进行检测：

A. 重要的构件。

B. 轴压比较大的构件。

C. 偏心受压构件。

D. 倾斜较大的构件。

⑫ 混凝土中钢筋数量和间距可采用钢筋探测仪或雷达仪进行检测，检测方法应符合现行国家标准《混凝土结构现场检测技术标准》GB/T 50784 的规定，仪器性能和操作要求应符合现行行业标准《混凝土中钢筋检测技术标准》JGJ/T 152 的有关规定。

⑬ 当委托方有特定要求时，可对存在缺陷、损伤或性能劣化现象的部位进行混凝土力学性能检测。

（4）连接部位检测

① 结构构件之间的连接质量检测应包括套筒灌浆饱满度与浆锚搭接灌浆饱满度、焊接连接质量与螺栓连接质量、预制剪力墙底部接缝灌浆饱满度、双面叠合剪力墙空腔内现浇混凝土质量等内容。

② 套筒灌浆饱满度检测的数量应符合下列规定：

A. 对重要的构件或对施工工艺、施工质量有怀疑的构件，所有套筒均应进行灌浆饱满度检测。

B. 首层装配式混凝土结构，每类采用钢筋套筒灌浆连接的构件，检测数量不应少于首层，该类预制构件总数的 20%，且不应少于 2 个；其他楼层，每层每类构件的检测数量不应少于该层该类预制构件总数的 10%，且不应少于 1 个。

C. 对采用钢筋套筒灌浆连接的外墙板、梁、柱等构件，每个灌浆仓的套筒检测数量不应少于该仓套筒总数的 30%，且不应少于 3 个；被检测套筒应包含灌浆口处套筒、距离灌浆口套筒最远处的套筒；对受检构件中采用单独灌浆方式灌浆的套筒，套筒检测数量不应少于该构件单独灌浆套筒总数的 30%，且不宜少于 3 个。

D. 对采用钢筋套筒灌浆连接的内墙板，每个灌浆仓的套筒检测数量不应少于该仓套筒总数的 10%，且不应少于 2 个；被检测套筒应包含灌浆口处套筒、距离灌浆口套筒最远处的套筒；对受检测构件采用单独灌浆方式灌浆的套筒，套筒检测数量不应少于该构件单独灌浆套筒总数的 10%，且不宜少于 2 个。

E. 当检测不合格时，应及时分析原因，改进施工工艺，解决存在的问题，整改后应重新检测，合格后方可进行下道工序施工。

③ 当采用预埋传感器法、预埋钢丝拉拔法、X 射线成像法检测套筒灌浆饱满度时，应符合现行标准《装配式住宅建筑检测技术标准》JGJ/T 485 中附录 B 的规定。

④ 浆锚搭接灌浆饱满度可采用 X 射线成像法结合局部破损法检测，对墙、板等构件，可采用冲击回波法结合局部破损法检测，冲击回波法的应用应符合现行标准《装配式住宅建筑检测技术标准》JGJ/T 485 中附录 C 的规定。

⑤ 当构件采用焊接连接或螺栓连接时，连接质量检测应符合现行国家标准《钢结构工程施工质量验收标准》GB 50205 的规定。

⑥ 预制剪力墙底部接缝灌浆饱满度宜采用超声法检测，采用超声法检测应符合下列规定：

A. 检测部位应避开机电管线，检测时的灌浆龄期不应少于 7d。

B. 超声法所用换能器的辐射端直径不应超过 20mm，工作频率不宜低于 250kHz。

C. 宜选用对测方法，初次测量时测点间距宜选择 100mm，对有怀疑的点位可在附近加密测点。

D. 必要时可采用局部破损法对检测结果进行验证。

⑦ 双面叠合剪力墙空腔内现浇混凝土质量可采用超声法检测，必要时采用局部破损法对超声法检测结果进行验证。

⑧ 当双面叠合剪力墙空腔内现浇混凝土预留试块的抗压强度不合格时，宜采用钻芯法检测空腔内现浇混凝土的抗压强度，并应符合现行国家标准《混凝土结构现场检测技术标准》GB/T 50784 的规定。

⑨ 预制剪力墙底部接缝灌浆饱满度和双面叠合剪力墙空腔内现浇混凝土质量的检测数量应符合下列规定：

A. 首层装配式混凝土结构，不应少于剪力墙构件总数的 20%，且不应少于 2 个。

B. 其他层不应少于剪力墙构件总数的 10%，且不应少于 1 个。

⑩ 现浇结合面的缺陷检测宜采用具有多探头阵列的超声断层扫描设备进行检测，也可采用冲击回波法、超声法进行检测，检测要求应符合现行国家标准《混凝土结构现场检测技术标准》GB/T 50784 的规定。检测数量应符合现行标准《装配式住宅建筑检测技术标准》JGJ/T 485 的规定，测点布置应符合下列规定：

A. 测点在板上应均匀布置。

B. 测点上应有清晰的编号。

C. 测点间距不应大于 lm，板中部和距支座附近 500mm 范围内应布置测点。

D. 每个构件上测点数不应少于 9 个。

⑪ 当检测钢筋接头强度时，每 1000 个为一个检验批，不足 1000 个的也应作为一个检验批，每个检验批选取 3 个接头做抗拉强度试验。若有 1 个试件的抗拉强度不符合要求，应再取 6 个试件进行复检。复检中若仍有抗拉强度不符合要求，则该检验批为不合格。

⑫ 当钢筋采用套筒灌浆连接时，接头强度应在施工现场制作平行试件进行检测，检测方法应符合现行行业标准《钢筋套筒灌浆连接应用技术规程》JGJ 355 的规定。

⑬ 当钢筋采用机械连接时，接头强度应在施工现场制作平行试件进行检测，检测方法应符合现行行业标准《钢筋机械连接技术规程》JGJ 107 的规定；当钢筋采用焊接连接时，接头强度应在施工现场制作平行试件进行检测，检测方法应符合现行行业标准《钢筋焊接及验收规程》JGJ 18 的规定。

4.6 施工现场常见问题及质量通病

对于装配式建筑施工，由于缺乏项目经验，施工单位在现场实施过程中遇到了诸多问题。以下从工程实例中总结了装配式建筑施工的 8 个质量通病，分析原因并给出处理措施。

1. 预制构件现场堆放不当

（1）问题描述

① 预制构件现场随意堆放，施工现场未划定专用堆放区域，未使用墙板存放架；

② 现场的堆场平整度不够，且未按要求进行硬化。

③ 未按要求进行分类堆放，未在预制构件堆场内设置安全通道。

④ 预制构件在现场进行存放时，预埋起吊件被遮挡。

⑤ 预制构件进行叠放时，上下垫块不在一条直线，不合理放置垫块，如图 4-6-1 所示。

(a) 垫块不在一条垂直线上　　　　　　　　　(b) 构件堆放缺少垫块

图 4-6-1　不合理放置垫块

（2）原因分析

① 施工单位施工组织设计不够详细，未编制吊装专项施工方案。

② 施工现场管理不到位，未严格按要求组织施工。

（3）处理措施

① 按照总平面布置要求，设置预制构件运输道路，道路应平整、坚实。

② 堆场应平整、坚实，尽量靠近道路，并应有排水措施。在地下室顶板等部位设置的堆场，应有经过施工单位技术部门批准的支撑方案。

③ 现场预制构件堆场应按规格、品种、所用部位、吊装顺序分别设置，预制构件堆垛之间应设置合理的工作人员安全通道。堆放区应设置隔离围栏，不得与其他建筑材料、设备混合堆放，防止搬运时相互影响。

④ 预制构件存放时，预埋吊件所处位置应避免遮挡，易于起吊。

⑤ 预制构件叠放层数应符合规范要求，防止堆放超限产生安全隐患。

2. 预埋吊装件问题

（1）问题描述

在现场吊装过程中，预制构件出现破损。吊装过程预埋吊件出现的问题，如图 4-6-2 所示。

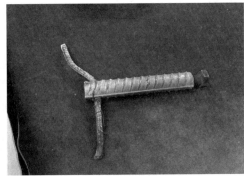

(a) 预埋吊件部位混凝土破损　　　　　　　　(b) 预埋吊件被拔出

图 4-6-2　吊装过程预埋件出现的问题

（2）原因分析

① 预制构件本身预埋吊件设计不合理。

② 起吊时，预制构件的混凝土强度未达到设计强度的 75%。

③ 未选用符合要求的吊具。图 4-6-3 为双孔吊耳单点起吊，可以发现如果使用双孔吊耳仅安装一个螺栓，螺栓的受力见图 4-6-3，根据计算螺栓所受拉力为 $F_1=F×（90+30）/30=4F$，如果双孔吊耳安装两个螺栓则螺栓所受拉力为 $F_1=0.5F$，则安装一个螺栓时，螺栓承受的拉力是安装两个螺栓时单个螺栓所承受拉力的 8 倍。

（3）处理措施

① 预制构件设计时对吊点位置进行分析计算，确保吊装安全，吊点布置合理。

② 待预制构件混凝土的强度达到设计强度的 75%，再使用脱模吊件进行吊装作业。

③ 根据预埋吊件的实际情况，选择与之相匹配的吊具，并正确使用吊具。

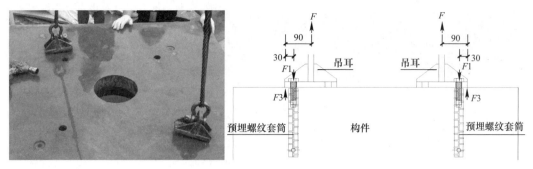

图 4-6-3 双耳吊环单耳起吊

3. 预制墙板安装偏位

（1）问题描述

预制墙板偏位，严重影响工程质量。预制墙板典型安装问题，如图 4-6-4 所示。

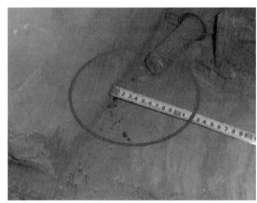

(a) 墙体偏离控制线过大

(b) 两面墙明显错开

图 4-6-4 预制墙板典型安装问题

（2）原因分析

①墙板安装控制线不够准确。

②墙体安装时未严格按照控制线进行控制，导致墙体落位后偏位。

③构件本身存在一定质量问题，厚度不一致。

（3）处理措施

①仔细审读施工图纸，正确弹出墙板的安装控制线，严格按照控制线安装。

②施工单位加强现场施工管理及相关技术交底工作，避免发生类似问题。

③监理单位加强现场检查监督工作，做好对进场预制构件的验收工作，规范现场预制构件吊装作业流程。

4. 预制构件管线与现场预留不符

（1）问题描述

现场发现部分预制构件存在预埋管线缺少、偏位等现象，需要在现场安装时，对预制构件进行开槽，容易破坏预制构件。预埋管线典型问题，如图 4-6-5 所示。

(a) 预制构件缺少预埋管线   (b) 预埋管线严重偏位

图 4-6-5　预埋管线典型的问题

（2）原因分析

① 在工厂加工预制构件过程中，遗漏预留管线。

② 在预制构件加工时，预留管线的位置控制精度差，安装固定不到位。

③ 在施工现场安装管线时，未严格按照按施工图纸施工。

（3）处理措施

① 规范预制构件进场检查流程，加强对预埋管线位置及成型质量的验收，仔细核对图纸及构件编号，对相似构件加强核查。

② 施工单位应加强管理，预埋管线必须按图施工，不得遗漏。

5. 预制构件灌浆不密实

（1）问题描述

预制构件灌浆不密实，现场灌浆质量差。现场灌浆问题，如图 4-6-6 所示。灌浆料流动度检测，如图 4-6-7 所示。注浆后封堵，如图 4-6-8 所示。

图 4-6-6　现场灌浆问题

（2）原因分析

① 未严格执行灌浆料的水灰比，灌浆料配制不合理。

② 预制构件进场时未对灌浆套筒进行检查，灌浆管道不畅通有异物阻塞。

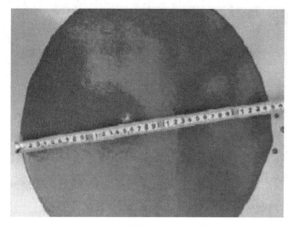
图 4-6-7　灌浆料流动度检测

图 4-6-8　注浆后封堵

③ 坐浆料的材料不合格或配合比有问题。

④ 在进行分仓或封仓作业时，未封堵密实造成灌浆时漏浆。另外，封仓后等待时间不够、封仓料的强度不够导致爆仓，出现漏浆。

⑤ 作业人员未按照规范要求进行灌浆作业，造成构件未灌满。

（3）预防措施

① 严格按照灌浆料配合比及放料顺序进行配制，搅拌方法及搅拌时间根据说明书进行控制。

② 预制构件吊装前应仔细检查注浆管、拼缝是否通畅，灌浆前半小时可适当撒少量水对灌浆管进行湿润，但不得有积水。

③ 坐浆料进场时应进行验收，检查产品的合格资料。另外，对于长时间未使用的坐浆料，再次使用前应检查坐浆料的有效期，并观察坐浆料的状态，判断是否存在结块等现象。

④ 在封仓前对基层进行吹扫，并进行喷水湿润，封仓作业应连续进行，确保封堵密实，在封堵结束后、正式灌浆之前，应确保封仓料的强度达到灌浆要求，一般要求封仓6h后方可对套筒灌浆。

⑤ 灌浆作业人员应掌握灌浆操作流程及要点，并持有相应作业考核合格证，在灌浆过程中做到规范作业。单块预制构件中的灌浆孔应一次连续灌满，并在灌浆料终凝前将灌浆孔表面压实、抹平。

⑥ 现场管理人员应深入学习相关技术规范及施工工艺，编制专项施工方案，报总承包单位技术负责人、监理单位审批后，对现场作业人员进行技术交底，首盘灌浆料应进行流动度检查，并在施工现场设置灌浆施工样板，经现场总承包单位、监理单位确定后，方可进行大面积灌浆作业。

6. 预留插筋偏位

（1）问题描述

现场预留插筋偏位，预制构件无法正常安装，现场预制构件钢筋偏位，如图 4-6-9所示。

图 4-6-9　现场预制构件钢筋偏位

（2）原因分析

① 楼面混凝土浇筑前竖向钢筋未限位和固定。

② 楼面混凝土浇筑、振捣，使得竖向钢筋偏移。

（3）预防措施

① 根据预制构件编号用钢筋定位框进行限位，适当采用撑筋撑住钢筋框，以保证钢筋位置准确。

② 混凝土浇筑完毕后，根据插筋平面布置图及现场预制构件边线或控制线，对预留插筋中心位置进行复核，对中心位置偏差超过 10mm 的插筋根据图纸进行校正。

7. 叠合板裂缝

（1）问题描述

在预制构件吊装过程中出现开裂现象，部分项目在现浇层施工完毕之后，发现顶板有裂缝出现，叠合板裂缝如图 4-6-10 所示。

图 4-6-10　叠合板裂缝

（2）原因分析

① 叠合板养护时间不够，叠合板未达到设计强度或叠合板材料的配合比出现问题。

② 预制构件在施工现场堆放时，堆放方式不当。

③ 在落位安装时，叠合板底部支撑不平整，施加施工荷载后，叠合板底部出现开裂。

④叠合板进场时检查不够仔细，未发现叠合板存在裂缝。

（3）处理措施

①生产单位在叠合板生产阶段，应加强对混凝土配合比的监控。根据原材料情况，及时调整混凝土的配合比，确保叠合板的强度能够满足要求。另外，生产单位还应加强对出厂叠合板强度的检测，确保做到出厂叠合板强度全数检查。

②在叠合板进场前，应对现场吊装作业人员进行详细的技术交底，交底内容应包括叠合板堆放的技术要点等，现场吊装作业人员应严格按照交底内容，按规格分类堆放，重点关注叠合板支点的位置。另外，施工单位应根据现场的实际情况，安排叠合板进场，防止叠合板因堆放时间过长，而产生挠度变形。

③若施工单位考虑现场进度，可根据叠合板底部裂缝情况，出具相关专项修补方案，报监理、甲方审批通过后进行整改。

④监理应加强对进场构件的检查监督工作，对于不符合进场要求的构件，严格做退场处理。

8. 封仓砂浆厚度精度差

（1）问题描述

预制构件底部的封仓砂浆厚度精度控制不足，存在封口砂浆过多或者封口砂浆的厚度不足的现象。封仓砂浆过厚，如图 4-6-11 所示。

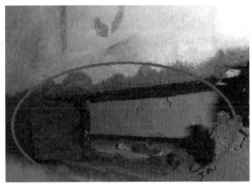

图 4-6-11　封仓砂浆过厚

（2）原因分析

楼板的厚度控制精度不足，楼板标高过低，造成水平缝密口砂浆过多；楼板高度过高，底部 20mm 的封仓缝无法保证。

（3）处理措施

①在进行预制构件安装之前，应对安装基层进行处理，确保楼板基层标高符合设计要求。施工单位加强现场管理，防止密口砂浆过多，导致灌浆质量出现问题。

②重新封仓结束后，应检查封仓的密实度，使用吹风机对出浆孔及灌浆口进行吹气，保证灌浆套筒之间的连通。

练习与思考

一、填空题

1. 预制构件进场时，质量检查内容包括：_____、_____、_____、_____。
2. 预制构件进场检查项目的具体内容可分为_____、_____。
3. 预制构件严重外观质量缺陷中外形缺陷主要有_____、_____、_____。
4. 安装及灌浆材料进场验收时，检查内容主要包括_____、_____、_____。
5. 套筒灌浆料技术性能参数主要有_____、_____、_____。
6. 后浇混凝土部分的检查内容应包括_____、_____、_____、_____。
7. 预制构件连接安装验收的主控项目中，预制构件吊装前应按设计要求，在构件和相应的支承结构上标志_____和_____。
8. 钢筋采用机械连接时，其接头质量应符合现行行业标准_____。

二、选择题

1. 对于预制构件尺寸偏差检验，应按照进场检验批，同一规格（品种）的构件每次抽检数量不应少于该规格（品种）数量的（   ）且不少于（   ）件。

   A. 3%；3   B. 5%；3

   C. 3%；5   D. 5%；5

2. 预制构件应进行预埋件和预留孔洞尺寸偏差检查，对同类构件，按同日进场数量的（   ）且不少于（   ）件抽查，少于5件，则全数检查。

   A. 5%；5   B. 5%；3

   C. 3%；5   D. 3%；3

3. 对于安装及灌浆材料的进场验收，以下不属于灌浆料、坐浆料等原材料检查内容的是（   ）。

   A. 产品合格证   B. 物理性能检测报告

   C. 复试试验记录   D. 保质期

4. 以下哪一项不属于预制构件连接安装验收要点中的主控项目？（   ）

   A. 临时固定措施   B. 专项施工方案

   C. 外观饰面施工质量   D. 混凝土强度

5. 预制构件应按设计的要求吊装，起吊时绳索与构件水平的夹角不宜小于（   ）度，否则应采用吊架或经验算确定。

   A. 30   B. 45

   C. 50   D. 60

6. 钢筋套筒灌浆连接及浆锚搭接连接用的灌浆料强度的检查，应按批检验，以每层为一检验批，每工作班应制作（　　）组，且每层不少于（　　）组的 40mm×40mm×160mm 长方体试件。

A. 1；2
B. 1；3
C. 2；2
D. 2；3

三、简答题

1. 请简述预制构件安装过程中的重点注意事项。
2. 请简述预制构件安装及灌浆材料进场验收的重点检查内容。
3. 请简述预制构件机械连接质量验收的一般规定。

第5章 资料的收集、编制、整理、组卷、归档

5.1 基本要求

1. 内容、格式、途径、流程

内容：工厂应建立文件形成和控制的程序，包括文件的编制、审核、批准、变更、发放和保存等，应对文件的有效性和适应性进行评审。文件应至少包括：

① 行政法规和规范性文件。

② 技术标准。

③ 质量手册、程序文件和规章制度等质量体系文件。

④ 图集和图纸等。

⑤ 生产技术规程、操作规程。

⑥ 与生产和产品有关的设计文件和资料。

格式：文件应有受控标识，并应按照规定发放和保存。

途径：对直接影响生产和质量管理的文件资料应能有效传递，有关人员应能正确理解相关文件，并有效执行。

流程：工厂应及时收回无效或作废文件，不应使用无效或作废文件。为满足法律或积累知识的需要而保存的无效或作废的文件，应进行适当的标识。

2. 责任部门及责任人、保管部门及保管人

责任部门：质检部。

责任人：质检员。

保管部门：质检部。

保管人：资料员。

3. 质量标准、归档周期、保存期

① 生产企业应制定质量资料管理体系，完善归档技术资料的内容和流程，明确档案保管的要求，并指派相关资料的管理负责人。

② 质量资料由预制构件生产企业各部门分别收集和保管。

③ 质量资料档案应根据类型进行汇编、标识和存档。应做到分类清晰，标识明确，查找方便，便于阅读，妥善保存。

④ 质量资料的使用应经过相关管理负责人的同意。

⑤ 质量资料的保管期限应符合表 5-1-1 的规定，超过保管期限的质量资料方可销毁处理。

质量记录的分类	质量记录名	保管期限	负责人
原材料和部品	合格供应商名录	下回更新为止	
	台账、检测报告	资料产生起 20 年	
试验检测结果	原材料、部品、混凝土配合比计算书、混凝土检测结果	资料产生起 20 年	
检查装置和试验装置的年检和制造设备的检查记录	检测设备证书	工程结束后 5 年	
	日常自查表（制造设备）		
	定期检查评分表（制造设备）		
	设备年检报告（制造设备）		
其他记录	质量手册修改记录	下次修订为止	
	文件收发文记录		
	图样收发记录	制作完成后 3 年	
制造过程内的检查	平台检查表	资料产生起 3 年	
	模板检查表	资料产生起 5 年	
	配筋检查表	资料产生起 20 年	
	浇捣前检查表	资料产生起 20 年	
	蒸养温度记录	资料产生起 3 年	
	产品检查表	资料产生起 20 年	
	装箱前检查表	资料产生起 5 年	
关于不合格品（包括废板）的内容确认、处置和更正处置的原因调查和调查结果的记录	《质量整改报告》《质量整改会议记录》	资料产生起 5 年	

5.2　资料的种类

1. 原材料的资料

对于原材料的资料收集，现行标准《工厂预制混凝土构件质量管理标准》JG/T 565 中有详细规定：

① 原材料生产供应商应有相应的资质或资格，并应签订供货合同，确保供需双方的权利和义务。

② 工厂应做好原材料的进货验收，进厂验收应符合下列主要内容和要求：

A. 原材料的品种、规格和数量，以及生产供应商等应符合合同要求。

B. 原材料质量证明书应齐全、有效、内容真实，主要性能指标明晰，且能证明进货的原材料质量符合有关要求。

C. 包装方式应符合合同要求。

D. 外观质量应符合产品质量要求。

E. 原材料应按照品种、规格分别存放，应有防止变质或混料的措施，并应符合下列规定。

a. 原材料储存的数量应满足工厂正常生产需要。

b. 工厂应有原材料管理台账，内容包括：进货日期（批次）、材料名称、品种、规格、数量、生产供应单位、质量证明书编号、质量检查资料编号、质量检查结果和不合格原材料的处理情况。

2. 生产过程内控资料

生产过程所产生的质量资料包含以下内容：平台检查表（同表2-2-1）、埋件检查表（同表2-3-4）、半成品钢筋检查表（表5-2-1）、钢筋骨架检查表（表5-2-2）、模具检查表（同表2-2-3）、修补记录表（表5-2-3）、生产过程及成品检查表（表5-2-4）、预制构件外观质量检查表（表5-2-5）、不合格品处理及防治措施表（表5-2-6）、预制构件生产过程控制记录表（表5-2-7），以下分别列举各项表格内容。

半成品钢筋检查表　　　　　　　　　　　　　　　　　　　表 5-2-1

项目名称			半成品钢筋编号				
生产班组			检验员				
工序	项目		质量检验标准要求		生产单位检验记录		
调直	外观质量		钢筋表面划伤、锤痕	不应有			
	允许偏差（mm）		调直机调直	2			
切断	外观质量		断口马蹄形	不应有			
	允许偏差（mm）	长度	非预应力钢筋	±5			
弯曲	外观质量		弯曲部位裂纹	不应有			
	允许偏差（mm）	箍筋	内径尺寸	±3			
		其他钢筋	长度	0，−5			
			弓铁高度	0，−3			
			起弯点位移	15			
			对焊焊口与起弯点距离	＞10d（d 为钢筋直径）			
			弯钩相对位移	8			
		折叠	成型尺寸	±10			
生产单位检验结果		不合格品复查返修记录					
		检验结果：					

检查人：　　　　　　　　　　　　　　　　　　　　　日期：

说明：每个构件首件每种钢筋各抽检3%，且不少于3根，每日抽检一个构件的每种钢筋各3%，且不少于3根。

项目名称			楼号：	层号：	构件编号：	
项目	内容	判定标准	实测	目测	判定	
					合	否
尺寸	钢筋全长	要在规定尺寸的 ±5（mm）以内			合	否
	钢筋全宽	要在规定尺寸的 ±5（mm）以内			合	否
	钢筋高度	要在规定尺寸的 ±5（mm）以内			合	否
主筋	主筋直径	与配筋图对照，按图纸施工			合	否
	主筋数量	与配筋图对照，按图纸施工			合	否
	主筋位置	与配筋图对照，按图纸施工			合	否
加强筋	加强筋数量	按图纸施工			合	否
	加强筋位置	要在规定尺寸的 ±20（mm）以内			合	否
性能	长度尺寸	与配筋图对照，按图纸施工			合	否
	端部处理				合	否
外观	浮锈	不允许出现			合	否
	油污	不允许出现			合	否
	弯曲	不允许出现过大的弯曲			合	否
	形状	不允许出现异形			合	否
	钢筋种类	根据钢筋表面的竖向肋判断			合	否
种类			规范			
检查人：				日期：		

说明：检查频次为全数检查。

序号	工程名称	型号	生产日期	一般缺陷	严重缺陷	整改或修补方案	设计确认	修补情况	修补人	检查人	备注
1											
2											
3											
4											
5											
6											
7											
8											
9											
10											
11											
12											
13											

序号	工程名称	型号	生产日期	一般缺陷	严重缺陷	整改或修补方案	设计确认	修补情况	修补人	检查人	备注
14											
15											
16											
17											
18											

说明：严重缺陷的修补方案应经设计确认。

生产过程及成品检查表 表 5-2-4

		检查项目	检查要求	判定	
隐蔽工程验收	1	平台面清扫	干净无残留	合	否
	2	模板尺寸及安装状态	安装牢固、尺寸与图纸相符	合	否
	3	隔离剂涂刷状态	涂刷均匀、不滴挂、积淌	合	否
	4	钢筋笼加工	与钢筋图一致	合	否
	5	钢筋保护层	与图纸标注一致，扎丝向内弯	合	否
	6	钢筋的绑扎（包括加强筋）	绑扎紧固不松动	合	否
	7	垫块数量	间距不大于 600mm	合	否
	8	埋件种类，数量及安装位置	与图纸埋件表相符	合	否
	9	其他附件的种类、数量及安装位置		合	否
	10	埋件的固定状态	固定牢固不松动	合	否
	11	叠合筋的焊接状态	无漏焊、脱焊	合	否
	检查者（签名）				
成品检查	1	产品编号	与图纸一致	合	否
	2	构件的掉角，裂缝	在允许范围内	合	否
	3	构件表面气孔	无过多情况	合	否
	4	埋件有无移位或破损	无移位、破损	合	否
	检查者（签名）				
出厂验收	1	出厂产品编号	与发货单一致	合	否
	2	构件的混凝土抗压强度	满足设计要求	合	否
	3	橡皮条的安装状态	粘贴牢固，无破损	合	否
	4	产品清扫状态	埋件内无垃圾，构件上无混凝土残留	合	否
	5	垫块位置	固定不松动	合	否
	6	装箱固定方法	与要求一致，固定牢固	合	否
	检查者（签名）				

注：1. 此表与生产过程及成品检查图配合使用。
　　2. 将此表格置于构件图旁。
　　3. 检查频率：全数检查。

预制构件外观质量检查表

表 5-2-5

项目名称：　　　　　　　　　　构件型号：　　　　　　　　　　日期：

缺陷类型	现象	无缺陷	一般缺陷	严重缺陷	备注
露筋	构件内钢筋未被混凝土包裹而露筋				
蜂窝	混凝土表面缺少水泥砂浆而形成石子外露				
孔洞	混凝土中孔深度和长度均超过保护层厚度				
夹渣	混凝土中局部不密实				
疏松	缝隙从混凝土表面延伸至混凝土内部				
裂缝	构件表面的裂纹或者龟裂现象				
连接部位缺陷	构件连接处混凝土有缺陷及连接钢筋、连接件松动				
外形缺陷	缺棱掉角，棱角不直，翘曲不平等				
外表缺陷	构件表面麻面、掉皮、起砂等				

注：用"√"表示检查结果，备注选项写明缺陷原因。

不合格品处理及防治措施表

表 5-2-6

发现阶段				发现日期	
涉及单位				制作日期	
项目名称					
问题描述及照片					
整改时间要求	（　　）天内整改完毕				
——以下内容由整改单位填写——					
处理方案	问题确认及处理意见 □整修 □报废	负责人	处理方案来源 □顾客要求 □设计同意 □施工要求		方案核准人
	识别及防误用措施 □隔离 □标识				
处理结果及照片					检查人
后续施工方案					责任人

表 5-2-7

预制构件生产过程控制记录表

编号：

混凝土构件生产过程控制记录表　　2017　年　月　日　　天气　　气温

序号	项目名称	构件型号	模台号	强度	体积	模具、模台清理		模具安装		隔离剂涂刷		一次钢筋绑扎		一次埋件安装		一次检验	一次混凝土浇筑清理		保温及连接件		封边		二次钢筋绑扎		二次埋件安装		二次检验	二次混凝土浇筑		抹压收光		拆模	修补	
						操作工	班长	操作工	班长、质检员	操作工	班长	操作工	班长	操作工	班长	质检员	操作工	班长	操作工	班长、质检员	操作工	班长	操作工	班长	操作工	班长	质检员	操作工	班长、质检员	操作工	班长、质检员	操作工	班组长、质检员

质检员确认：

线长接受：

经营部接受：

说明：1. 此表由质检员保管，当天生产完毕后线长后找质检员索要，由线长交给经营部作为当天完成工作依据。2. 发生质量问题后，需要处罚时，工序小组为最小组相应承担相应的责任。小组成员应团结一致，共同对质量负责，不得相互推诿，班长、线长、车间主任、质检员根据情况和班组相互承担相应的责任。3. 对于二次成型的夹心保温板墙等，未发生的工序一栏为空白，仅记录当天的工序。4. 对于上表中无班长和质检员签字的工作，质检员检查合格后，操作工人可在上表中签字。5. 上表中仅有班长签字，无质检员签字的工序，质检员检查合格后，操作工人可在上表中签字。6. 上表中的工序，如果质检员未验收签收进行下道工序，必须由线长签字。7. 质检员将此表交给线长后，检员有权在相应的单元格内标注"不合格"字样，质检员拍照留存。

3. 成品出厂资料

成品出厂资料主要有出厂合格证，预制构件应经检验并签发合格证后，方可出厂，出厂合格证见表5-2-8。

出厂合格证　　　　　　　　　　　　　　**表 5-2-8**

企业名称（盖章）		工程名称		
企业地址		工程地址		
联系电话		联系电话		
产品名称		执行标准		
企业备案证编号		原材料及配件备案证编号	砂石：	
注册商标（图形/文字）			水泥：	
			钢筋（主筋）：	
试验报告编号			灌浆套筒：	
出厂日期			夹心保温连接件：	
本车次构件体积	大写：　　　　m³	砂氯离子含量	批次：　　　　%	

序号	构件类型	产品编号	混凝土抗压强度（MPa）			备注
			设计等级	出厂强度	检验结论	
1						
2						
3						
4						
5						
6						
7						
8						
9						
10						
11						
12						
检验结论						
检验人员		审核人员		签发日期		

出厂合格证主要应包括以下内容：
① 合格证编号。
② 采用标准图和设计图纸编号。
③ 生产方名称或厂标、商标、生产制作日期及出厂日期。

④ 标识、规格及数量。

⑤ 混凝土强度评定结果。

⑥ 钢筋力学性能的评定结果。

⑦ 外观质量和规格尺寸检验结果。

⑧ 结构性能或混凝土强度，主要受力钢筋规格、数量及保护层厚度实测结果。

⑨ 检验部门盖章、检验负责人签字或盖章（可用检验员代号表示）。

5.3　资料的归档

① 归档时每个预制构件要有明细表，把细目列成总表交给档案管理人员，按照总表来确认归档是否齐全。

② 对于产生的资料应做到及时归档（例如公司下发的通知、文件应及时归档）；对需按季度归档的资料，应保管好当前资料，归档期到时，及时归档。

③ 档案应内容真实，不能随意填写，特别是影像档案，要当天拷贝到计算机，并双份备份，以免丢失。

④ 预制构件生产及施工过程中产生的资料要分类管理，采用标准档案盒收纳资料，存放档案盒宜采用专用档案柜，并在柜门左上角标出工程名称、资料名称等信息。

练习与思考

一、填空题

1. 生产企业应建立完善的_____，并指派_____。
2. 质量资料档案应根据类型进行_____、_____、_____。
3. 质量资料的使用应经过_____的同意。
4. 对于预制构件制造过程内的检查，配筋检查表的保管期限为_____。
5. 原材料应按照_____、_____、_____分别存放，并应有_____措施。
6. 预制构件应经检验并签发_____，方可出厂。
7. 归档时，每个构件要有_____，把细目列成_____交给档案管理人员。
8. 工厂应及时收回无效或作废的文件，为满足_____，应进行适当的标识。

二、选择题

1. 工厂应建立文件形成和控制的程序，并应对文件的（　　）和（　　）进行评审。
   A. 有效性　　　　　　　　　　B. 真实性
   C. 适应性　　　　　　　　　　D. 权威性
2. 以下哪一项不属于成品合格证中的内容？（　　）
   A. 合格证编号　　　　　　　　B. 标识、规格和数量
   C. 混凝土强度评定结果　　　　D. 钢筋清单
3. 工厂应做好原材料的进货验收，以下哪项不属于进厂验收的内容和要求？（　　）
   A. 包装方式应符合合同要求　　B. 原材料证明书应齐全、有效、内容真实
   C. 材料的存放应按相关要求执行　D. 原材料品种、规格及数量应符合合同要求
4. 以下（　　）不属于预制构件生产过程中所产生的质量资料内容。
   A. 平台检查表　　　　　　　　B. 尺寸允许偏差表
   C. 半成品钢筋检验表　　　　　D. 模具检查表
5. 以下（　　）不属于预制构件成品出厂资料的内容。
   A. 后续施工方案　　　　　　　B. 原材料及配件备案证编号
   C. 出厂日期　　　　　　　　　D. 试验报告编号

三、简答题

1. 请简述工厂原材料管理台账的内容。
2. 请列举生产过程中所产生的质量资料。

附　录

附录1　剪力墙平面布置图示例

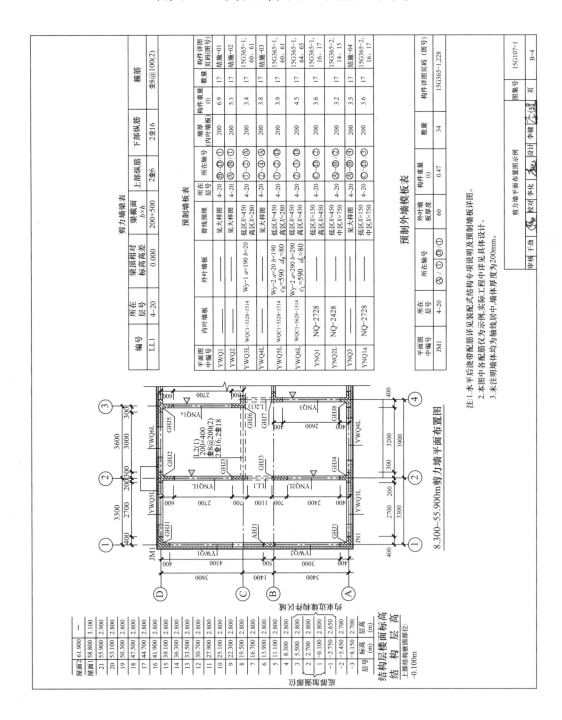

8.300~55.900m剪力墙平面布置图

注：1.本图中后浇带配筋详见装配式结构专项说明及预制墙板详图。
2.本图中各配筋仅为示例，实际工程中详见中详见大墙体具体设计。
3.未注明墙体均为轴线居中，墙体厚度为200mm。

附录 2　后浇段配筋示例

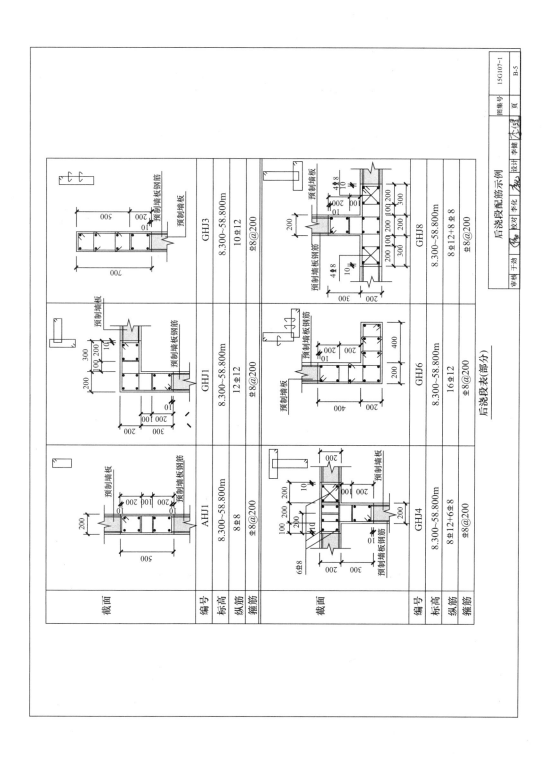

截面			
编号	AHJ1	GHJ1	GHJ3
标高	8.300~58.800m	8.300~58.800m	8.300~58.800m
纵筋	8⊈8	12⊈12	10⊈12
箍筋	⊈8@200	⊈8@200	⊈8@200

截面			
编号	GHJ4	GHJ6	GHJ8
标高	8.300~58.800m	8.300~58.800m	8.300~58.800m
纵筋	8⊈12+6⊈8	16⊈12	8⊈12+8⊈8
箍筋	⊈8@200	⊈8@200	⊈8@200

后浇段表(部分)

后浇段配筋示例		图集号	15G107-1
		页	B-5
审核 于劲	校对 李化	设计 李健	

附录3 叠合楼盖平面布置图示例

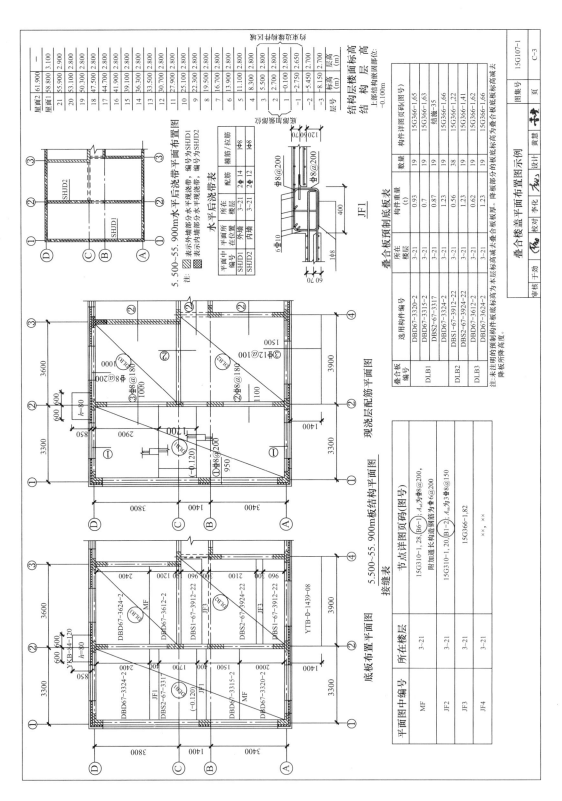

附录4 预制钢筋混凝土板式楼梯选用示例

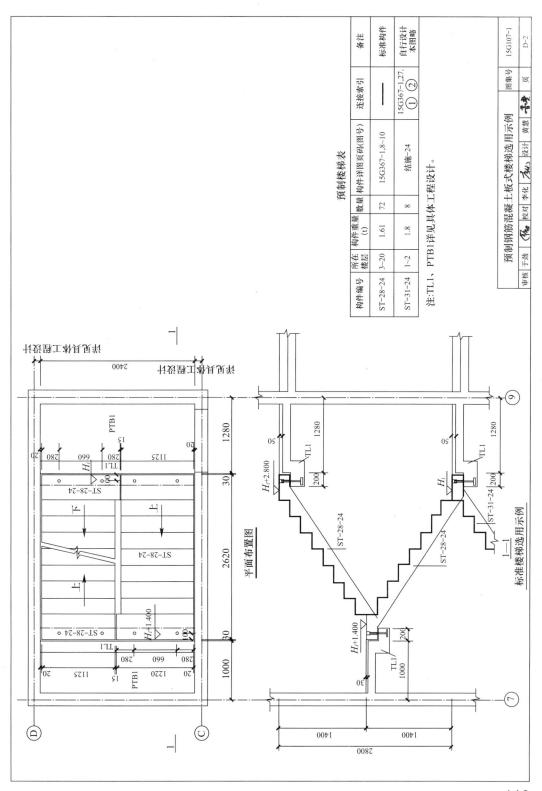

预制楼梯表

构件编号	所在楼层	构件重量(t)	数量	构件详图页码(图号)	连接索引	备注
ST-28-24	3~20	1.61	72	15G367-1,8~10	—	标准构件
ST-31-24	1~2	1.8	8	结施-24	15G367-1,27, ① ②	自行设计本图略

注:TL1、PTB1详见具体工程设计。

平面布置图

标准楼梯选用示例

预制钢筋混凝土板式楼梯选用示例			图集号	15G107-1
审核 手劲	校对 李化	设计 黄慧	页	D-2

119

附录5 预制钢筋混凝土阳台板、空调板及女儿墙
施工图制图规则

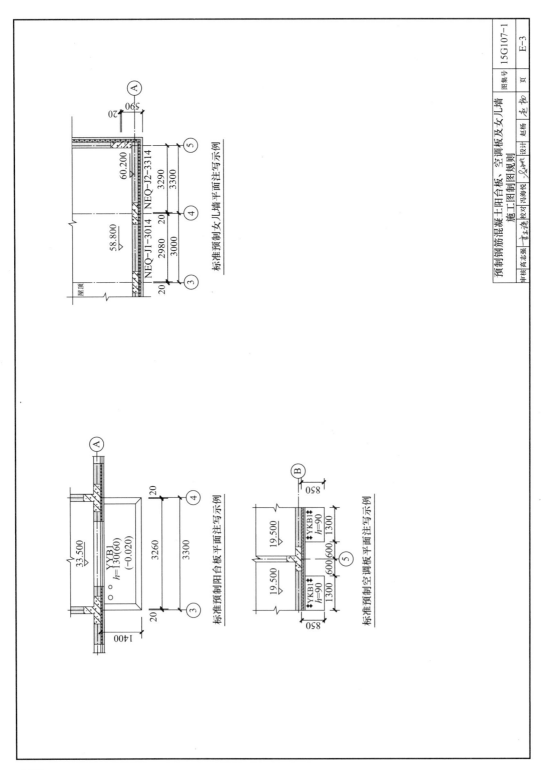

标准预制女儿墙平面注写示例

标准预制阳台板平面注写示例

标准预制空调板平面注写示例

预制钢筋混凝土阳台板、空调板及女儿墙 施工图制图规则	图集号	15G107-1
	页	E-3

附录6 WQC1-3328-1214 模板图

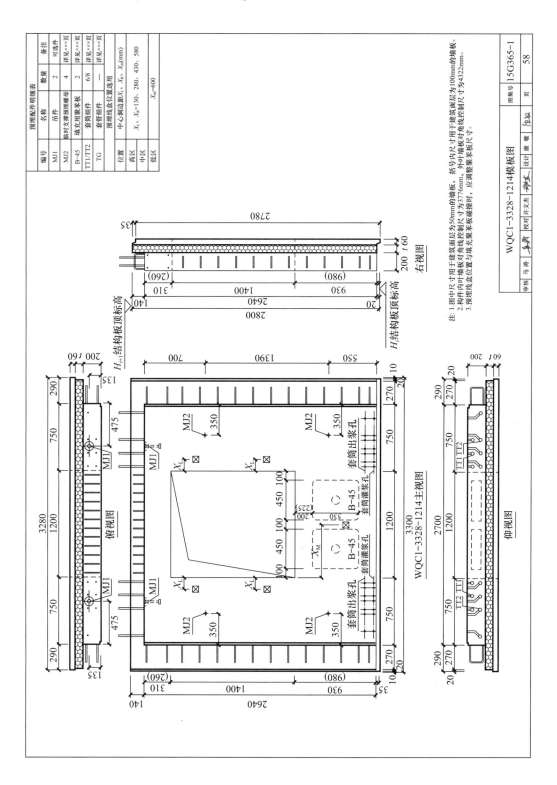

附录7 WQC1-3328-1214 配筋图

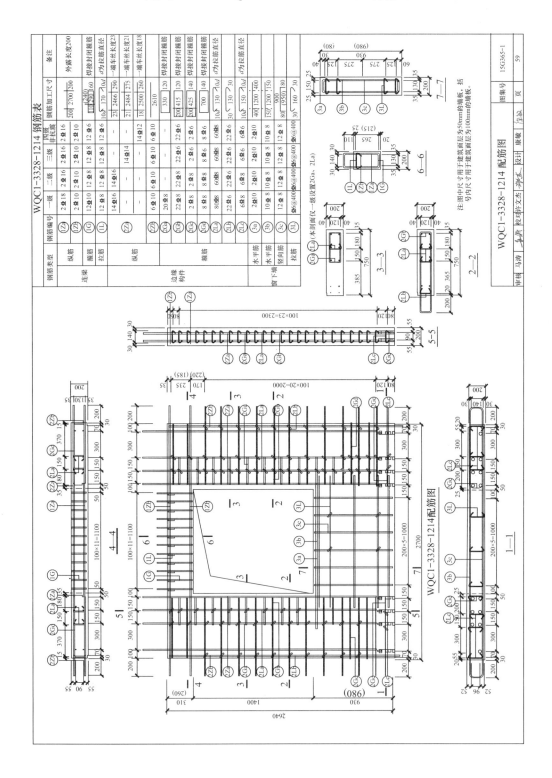

附录8 宽1200双向板底板边板模板图及配筋图

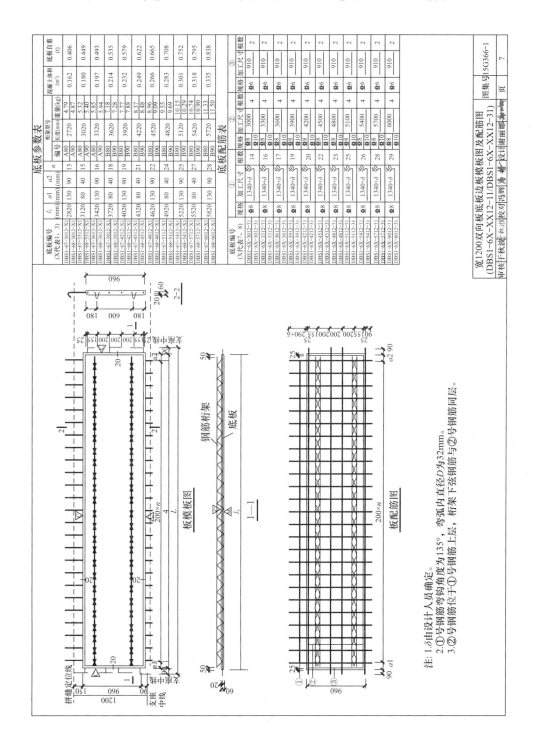

底板参数表

底板编号 (X代表1、3)	l_1(mm)	$a1$(mm)	$a2$(mm)	n	桁架型号 编号	长度(mm)	重量(kg)	混凝土体积 (m^3)	底板自重 (t)
DBS1+67-3012-X1	2820	130	90	13	A80	2720	4.79	0.162	0.406
DBS1+68-3012-X1	3120	80	40	15	A90	3020	5.32	0.180	0.449
DBS1+67-3312-X1	3420	130	90	16	A90	3320	5.85	0.197	0.493
DBS1+68-3312-X1	3720	80	40	18	A90	3620	7.18	0.214	0.535
DBS1+67-3612-X1	4020	130	90	19	B80	3920	7.28	0.232	0.579
DBS1+68-3612-X1	4320	80	40	21	B80	4220	7.77	0.249	0.622
DBS1+67-3912-X1	4620	130	90	22	B80	4520	8.37	0.266	0.665
DBS1+68-3912-X1	4920	80	40	24	B90	4820	8.48	0.283	0.708
DBS1+67-4212-X1	5220	130	90	25	B90	5120	8.96	0.301	0.752
DBS1+68-4212-X1	5520	80	40	27	B90	5420	9.09	0.318	0.795
DBS1+67-4512-X1	5820	130	90	28	B90	5720	9.55	0.335	0.838
DBS1+68-4512-X1							9.69		
DBS1+67-4812-X1							10.15		
DBS1+68-4812-X1							10.29		
DBS1+67-5112-X1							10.74		
DBS1+68-5112-X1							10.90		
DBS1+67-5412-X1							11.33		
DBS1+68-5412-X1							11.50		
DBS1+67-5712-X1									
DBS1+68-5712-X1									
DBS1+67-6012-X1									
DBS1+68-6012-X1									

底板配筋表

底板编号 (X代表7、8)	① 规格	① 加工尺寸	② 根数	② 规格	② 加工尺寸	② 根数	③ 规格	③ 加工尺寸	③ 根数
DBS1+6X-3012-11 DBS1+6X-XX12-31	Φ8	1340+δ	14	Φ10	3000	4	Φ6	910	2
DBS1+6X-3312-11 DBS1+6X-XX12-31	Φ8	1340+δ	16	Φ10	3300	4	Φ6	910	2
DBS1+6X-3312-11 DBS1+6X-XX12-31	Φ8	1340+δ	17	Φ10	3600	4	Φ6	910	2
DBS1+6X-3612-11 DBS1+6X-XX12-31	Φ8	1340+δ	19	Φ10	3900	4	Φ6	910	2
DBS1+6X-3912-11 DBS1+6X-XX12-31	Φ8	1340+δ	20	Φ10	4200	4	Φ6	910	2
DBS1+6X-4212-11 DBS1+6X-XX12-31	Φ8	1340+δ	22	Φ10	4500	4	Φ6	910	2
DBS1+6X-4512-11 DBS1+6X-XX12-31	Φ8	1340+δ	23	Φ10	4800	4	Φ6	910	2
DBS1+6X-4812-11 DBS1+6X-XX12-31	Φ8	1340+δ	25	Φ10	5100	4	Φ6	910	2
DBS1+6X-5112-11 DBS1+6X-XX12-31	Φ8	1340+δ	26	Φ10	5400	4	Φ6	910	2
DBS1+6X-5412-11 DBS1+6X-XX12-31	Φ8	1340+δ	28	Φ8	5700	4	Φ6	910	2
DBS1+6X-5712-11 DBS1+6X-XX12-31	Φ8	1340+δ	29	Φ10	6000	4	Φ6	910	2

拼缝定位线 支座中心线 中剖面

钢筋桁架 底板

板模板图

板配筋图

1—1 2—2

注：1.δ由设计人员确定。
2.①号钢筋弯钩角度为135°，弯弧内直径D为32mm。
3.②号钢筋位于①号钢筋上层，桁架下弦钢筋与②号钢筋同层。

宽1200双向板底板边板模板图及配筋图 (DBS1-6X-XX12-11/DBS1-6X-XX12-31)	图集号	5G366-1
审核于林波 校对冯辉 设计丽丽	页	7

附录9 ST-28-24 安装图

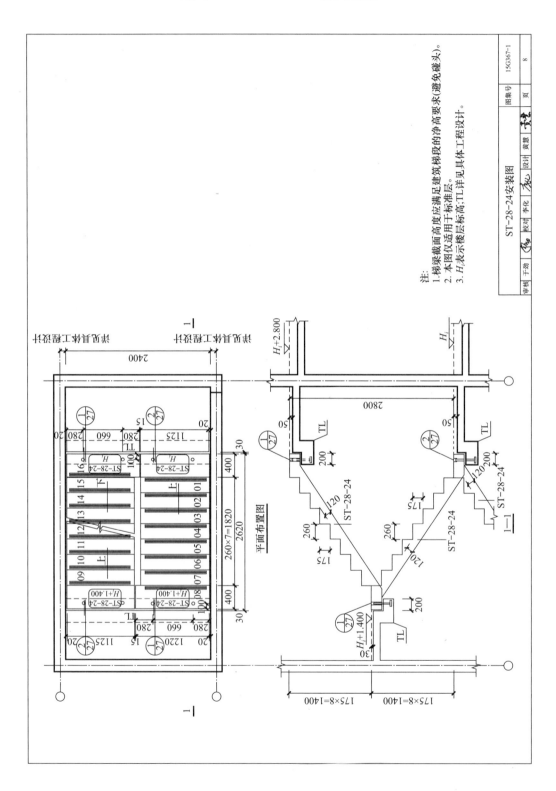

平面布置图

注:
1. 梯梁截面高度应满足建筑梯段的净高要求(避免碰头)。
2. 本图仅适用于楼层。
3. H 表示楼层标高;TL详见具体工程设计。

| 审核 | 手劲 | 校对 | 李化 | 设计 | 黄慧 | | ST-28-24安装图 | 图集号 | 15G367-1 |
| | | | | | | | | 页 | 8 |

附录10 ST-28-24 模板图

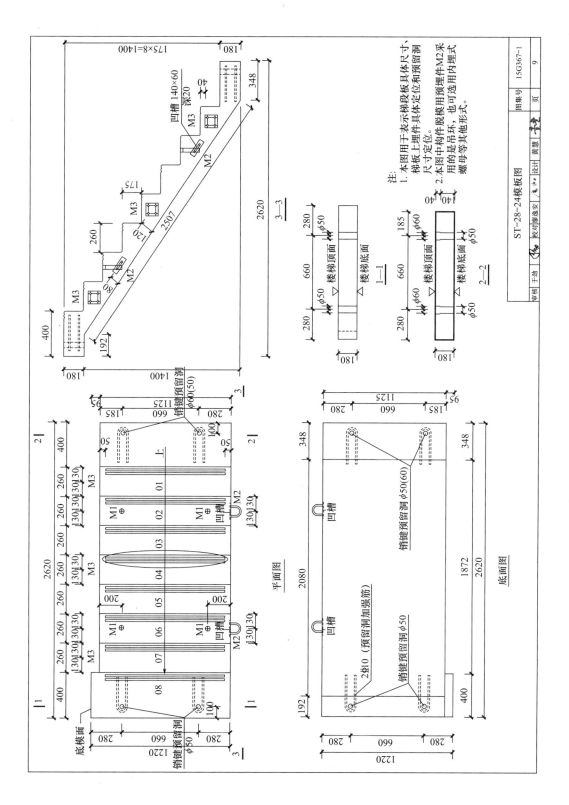

注:
1. 本图用于表示梯段板体尺寸、梯板上埋件定位和预留洞尺寸定位。
2. 本图中构件用预埋件M2来用的是吊环,也可选用内埋式螺母等其他形式。

ST-28-24模板图

	图集号	15G367-1
校对廖逸安	页	9
设计 黄慧		
审核 于劲		

125

附录11 ST-28-24 配筋图

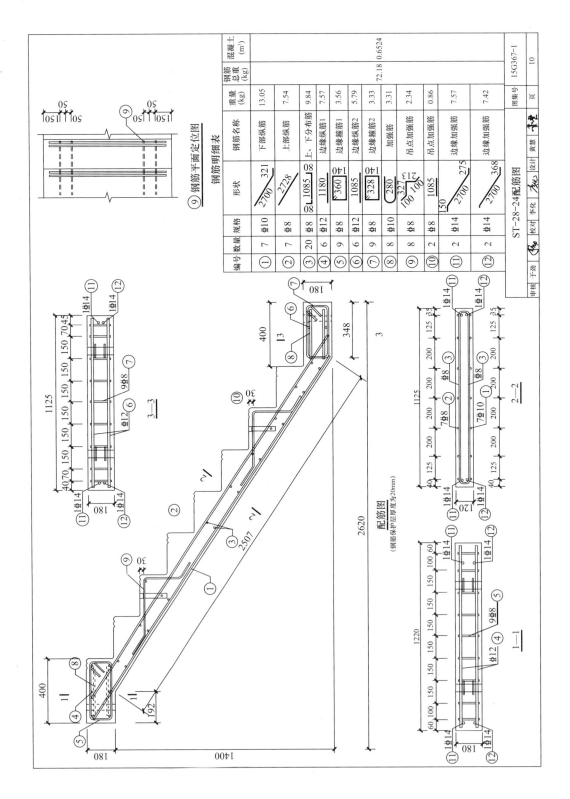

钢筋明细表

编号	数量	规格	形状	钢筋名称	重量 (kg)	钢筋总重 (kg)	混凝土 (m³)
①	7	Φ10	2700 321	下部纵筋	13.05	72.18	0.6524
②	7	Φ8	2728	上部纵筋	7.54		
③	20	Φ8	1085 80	上、下分布筋	9.84		
④	6	Φ12	1180	边缘纵筋1	7.57		
⑤	9	Φ12	360 140	边缘箍筋1	3.56		
⑥	6	Φ8	1085	边缘纵筋2	5.79		
⑦	9	Φ8	328 140	边缘箍筋2	3.33		
⑧	8	Φ10	280 327	加强筋	3.31		
⑨	8	Φ8	213 100	吊点加强筋	2.34		
⑩	2	Φ8	1085	吊点加强筋	0.86		
⑪	2	Φ14	2700 275 150	边缘加强筋	7.57		
⑫	2	Φ14	2700 368	边缘加强筋	7.42		

ST-28-24配筋图

审核	干劲	校对	李化	设计	黄慧

图集号 15G367-1

页 10